国防科普大家小书

认知 电子战

电磁空间的智慧博弈

王沙飞 等 著

科学出版社

北 京

内 容 简 介

本书从电子战的诞生与发展入手，分析当前电子战面临的全新挑战，阐述传统电子战面临的困难和挑战。在整体介绍认知电子战概念的基础上，讲述认知电子战实现智能感知、自适应干扰和干扰效果在线评估的基本原理。最后，结合相关技术现状和发展预期，描述认知电子战系统的发展趋势，并对认知电子战发展所依赖的关键技术进行了展望。

本书适合大众读者阅读，尤其是适合电子战从业人员、部队官兵和军事爱好者阅读。

图书在版编目（CIP）数据

认知电子战：电磁空间的智慧博弈 / 王沙飞等著. —北京：科学出版社，2024.1

（国防科普大家小书）

ISBN 978-7-03-076398-3

Ⅰ. ①认… Ⅱ. ①王… Ⅲ. ①电子对抗-普及读物 Ⅳ. ①TN97-49

中国国家版本馆 CIP 数据核字（2023）第181017号

丛书策划：张　凡　侯俊琳
责任编辑：张　莉 / 责任校对：韩　杨
责任印制：赵　博 / 封面设计：有道文化

科 学 出 版 社 出版
北京东黄城根北街16号
邮政编码：100717
http://www.sciencep.com

涿州市般润文化传播有限公司印刷
科学出版社发行　各地新华书店经销

*

2024年1月第 一 版　开本：720×1000　1/16
2024年10月第二次印刷　印张：9
字数：105 000

定价：58.00元

（如有印装质量问题，我社负责调换）

本书编写组

王沙飞　杨　健　高莹平　呼鹏江
杨俊安　李　岩　李保国　秦　臻
黄知涛　车吉斌　肖德政

序一

当前，在以新一代信息技术为核心的科技革命浪潮中，电磁频谱资源在维护国家安全、拓展战略空间、推动经济发展等方面的战略价值日益凸显。世界各国也逐渐认识到，电磁领域虽然看不见、摸不着，但其对于掌握战场主动权的地位和作用不可忽视。特别是在信息化战争条件下，制电磁权的优先级甚至已经超越了传统的制海权、制空权，成为掌握战场主动权、赢得战争胜利的先决条件。围绕电磁频谱控制而展开的电子战日益成为现代战争的重要作战手段。

20 世纪以来，人工智能技术得到了长足的发展，在自然语言处理、图像处理等方面取得了巨大成功，具备超级学习能力的聊天机器人 ChatGPT（Chat Generative Pre-trained Transformer）的表现甚至让人工智能先驱们发起停止人工智能（artificial intelligence，AI）研发的倡议。将人工智能技术引入电子战的观察（observe）环境—适应（orient）环境—做出决策（decide）—采取行动（act）的 OODA 循环，辅助电子战系统做出决策，自然成为电子战领域的新方向和大趋势，催生了认知电子战概念的诞生。世界各军事强国纷纷投入力量研发认知电子战系统。美国在这一领域处于领先地位，美国国防部高级研究计划局（Defense Advanced Research Projects Agency，DARPA）的自适应雷达对抗、"自适应电子战行为学习"（Behavioral Learning for Adaptive Electronic Warfare，BLADE）项目，美空军的认知干扰机、陆军的"城市军刀"、海军的"认知通信电子战"等项目是其中的典型代表，认知电子战理论和技术的研究都取得了长足的进步，部分装备已具备初步的认知能力。

作为认知电子战这一前沿领域的科普读物，在本书即将付梓之际，我想向各位读者朋友介绍一下本书的一些特点。

一是通俗易懂。作为一本科普读物，本书最重要的目的是把认知电子战的道理深入浅出地讲明白，便于读者理解和掌握。电子战本身是一个涵盖多学科、多领域的复杂系统工程。为把其中涉及的雷达、通信、制导、控制、人工智能等专业知识讲清楚，本书采用形象直观的图片、生动活泼的语言以及大量典型案例，结合许多武器装备的基本介绍和使用情况，使得抽象晦涩的理论变得直观易懂。无论是电子战从业人员、部队官兵还是普通军事爱好者，哪怕是初次接触电子战知识的普通大众读者，都可以从本书中较为全面系统地了解该领域的奇妙之处和精彩之处。

二是引人入胜。笔者认为，一本好的科普读物必须兼具知识性与可读性，既要把道理讲清楚，更要把故事讲精彩。因此，必须注重激发读者的阅读兴趣，让他们带着兴趣读、带着问题读、带着思考读，最终达到读有所得、学有所获的效果。本书篇幅不长，注重在每个章节开头采用设问、比喻、类比等方式引入主题，再通过一个个娓娓道来、扣人心弦的故事把背后的科学道理讲明白。过去，电子战是如何产生的？如何在战争中大放异彩？如今，电子战发展到何种程度？实际作战效果如何？未来，电子战又会走向何方？人工智能的出现是否又会给电子战引入新的发展点？这一个个问题就像游戏中的一道道关卡，读者阅读、思考、解惑的过程就是一路打怪升级的过程。

三是以点带面。科普书不同于教科书，不能把所有的知识点逐一罗列出来讲解，对知识讲解的广度和深度必须有所取舍，因此，科普书既要讲究广泛普及，更要注意突出重点。本书从电子战的诞生与发展入手，通过分析电子战面临的挑战，在整体介绍认知电子战概念的基础上，讲述认知电子战实现智能感知、自适应干扰和干扰效果在线评估的基本原理，并对认知电子战发展所依赖的关键技术进行了展望。同时，以知识链接的形式，对较为重要的术语、组织机构、技术手段等内容进行了说明，便于感兴趣的读者继续研究，既保证了全书的整体性、连贯性，又充实了知识内容，为读者留足了进一步探索的空间。

中国科学院院士 杨学军

2023 年 10 月 7 日

序二

从美军提出"认知电子战"的概念至今已有十多个年头了,可以说,认知电子战正处于发展的黄金时期,其本质就是将人工智能理论与电子对抗技术相结合的新型电子战形态。这里提到的"人工智能"现如今已成为几乎家喻户晓的名词了,有关人工智能的各种应用,诸如智慧医疗、智慧交通等也在全国大江南北如火如荼地开展起来。尤其是随着大模型的横空出世,人工智能技术及其相关产品被推向了时代浪潮的顶峰。在军事领域,人工智能将在未来战争中发挥举足轻重的作用,尤其是对于电子对抗来说,变幻莫测的电磁环境、难以捉摸的电磁目标、飘忽不定的电磁信号,为人工智能提供了大展身手的天然契机。虽然目前尚未有实际的认知电子战案例发生,但在当前的智能时代背景下,对认知电子战的基本概念和核心技术进行普及是十分必要的。

本书为我们呈现了一幅认知电子战的精美画卷,其最大的特点就是深入浅出,十分适合初学者和广大军事爱好者阅读。这里粗略地对各章内容进行归纳总结。第一章"回顾过往",通过大量鲜活的实际案例为读者描绘了电子战的发展历程,并且恰到好处地呈现一些知识小贴士，让读者从故事中领悟晦涩的概念。第二章"正视当下"，作者抛出现代电子战所面临的种种困难，进而剖析人工智能解决这些问题的巨大潜力，最终引出认知电子战的主题。第三章至第五章对应认知电子战的三大关键技术，即电磁态势感知、干扰策略优化、干扰效果评估，这三项技术正是构成认知电子战 OODA 环路的核心要素。特别值得一提的是，作者煞费苦心地将每个技术背后所蕴含的丰富内涵归纳总结为富有哲理的俗语、成语，例如"见微知著，见端知末"阐述辐射源识别的原理，"上兵伐谋"点明对抗策略的重要性，"自省吾身，常思己过"揭示效果评估的内涵。第六章"展望未来"，涵盖了包括系统架构、电磁阵列、处理芯片、智能算法、应用平台等认知电子战未来发展的不同层面，相信在著者所描绘的美好蓝图下，志同道合者都能从中找到自己的立足点，齐头并进，共赴未来。

正如书中所言，未来战争将高度呈现智能化、无人化、网络化特点，在隐形的电磁空间下，战争形态正在悄然发生转变，军事智能志在必行，本书的出版可谓应时代之所需，契大众之所求。纵观全书，逻辑结构清晰，内容博古通今，语言通俗易懂，集知识性、可读性、趣味性于一体。编写团队由院士领衔，汇集多年从事认知电子对抗的资深专家，字里行间体现出著者的呕心沥血和用心良苦，希望本书能为你带来"捧之如饮甘饴，释之手有余香"的精神体验！

中国工程院院士

2023 年 8 月 7 日

前言

　　未来战争将是在陆、海、空、天、网络和电磁空间中展开的全域作战。电磁空间是所有作战实体都要共享的唯一物理空间，能够将所有作战域连接形成一个整体。电磁空间的对抗将成为战争的焦点并贯穿全程，直接决定战争的走向。电子战装备的发展已经使战争形态发生了根本性转变，也正是由于电子战装备的巨大威力，世界各军事强国都不遗余力地利用现代信息技术的前沿成果发展电子战装备，以求得在现代战争中的技术优势，争夺战争的主导权。

　　传统电子战系统主要基于人工经验知识，缺乏足够的自学习能力，新型电磁目标、未知目标难以准确识别，干扰措施难以快速生成，对抗效果难以在线评估等问题长期困扰着当前的电子战系统，制约着电子战能力的提升。

　　随着信息技术的快速发展，未来战场上，包括雷达和通信等军事信息系统逐渐呈现出一体化、数字化、网络化、智能化、无人化、可重构等特点，传统电子战系统更是难以应对。

　　近年来，人工智能迎来了第三次发展浪潮，并在语音处理、计算机视觉等领域获得了广泛应用，大有把信息时代演变为智能时代之势。

当前，人工智能的触角已延伸到了军事领域，加速了智能化战争形态的演进。其中，人工智能与电子战的碰撞，撞出了认知电子战这一耀眼的火花。

在人工智能的赋能下，当面对新型、未知的电磁信号时，认知电子战系统需要能够自适应地感知战场电磁环境的瞬息万变，并能够在极短的时间内自适应生成对抗策略，并自主评估对抗效果，进一步根据评估结果调整下一步对抗策略。认知电子战技术的发展必将重塑电磁空间的对抗模式，革新电子对抗制胜机理，改变部队作战方式，优化装备操作流程。

总之，认知电子战的目的是实现从过去的点、链目标的对抗转变为网络化目标对抗，从已知目标对抗转变为未知威胁对抗，从过去开环、以人为主的对抗转变为闭环、人机交互、自主决策。

当然，这是所有电子战从业人员和电子战部队官兵的美好愿景，在构建高效且鲁棒的认知电子战系统的道路上还有许多工作要做。

基于此，我们编写了《认知电子战：电磁空间的智慧博弈》这本科普读物。本书面向有一定电子战基础的科研人员、部队官兵和军事爱好者，尽可能地以通俗易懂的语言介绍认知电子战的原理和未来发展趋势，以普及认知电子战知识，吸引更多志同道合之人投身这一充满前途的事业。

本书共六章。第一章通过经典战例介绍了电子战的概念内涵和发展历程，分析了当前电子战面临的全新挑战。第二章进一步详细阐述了传统电子战面临的困难和挑战，然后从整体上解释了认知电子战相比于传统电子战的优势所在，最后介绍了目前典型的认知电子战项目。第三章介绍了在复杂的电磁环境中，基于电磁大数据，结合智能算法，实现信号智能分选、参数精确测量和属性精准识别等的智能感知原理，并介绍了认知侦察面临的难点以及可能的解决之道。第四章从干扰和抗干扰技术的迭代发展历程出发，介绍了认知电子战自适应干扰决策的原理。通过实时感知的电磁环境和作战对象的变化，在对抗中学习，不断优化干扰策略，实现有效干扰。第五章主要介绍了认知电子战干扰效果在线评估的原理。通过对对抗目标在干扰实施前后的行为变化进行分析，实时评估干扰效果，构成 OODA 环路。第六章结合相关技术现状和发展预期，描述了认知电子战系统的发展趋势，从系统架构、装备形态、电磁阵列、系列芯片和群体智能算法等方面对构建认知电子战系统的核心技术进行了展望。

全书由王沙飞院士领衔撰写，参与编写的还有杨健、高莹平、呼鹏江、杨俊安、李岩、李保国、秦臻、黄知涛、车吉斌、肖德政。

由于作者水平有限，同时由于认知电子战的理论和技术日新月异，本书难免存在一些疏漏之处，敬请广大读者谅解并提出宝贵意见，共同促进认知电子战技术的发展。

中国工程院院士

2023 年 7 月

目录

第一章

电子战
那些事儿

星星之火，可以燎原。

日俄战争中出现的电子战点点星光，虽然微弱，却照亮了电子战发展壮大的康庄大道。

从冷兵器战争到热兵器战争，再到机械化战争以及现在的信息化战争、未来的智能化战争，随着战争形态的不断演变，武器装备、作战样式和部队编制体制等也在随之改变。其中有一个神秘力量悄然诞生于机械化战争时代，并在信息化战争时代逐渐发展壮大，成为影响战争走向和结局的关键。这个神秘的力量就是电子战。

一、电子战的诞生

（一）揭秘"隐形战场"：神秘的电磁空间

在揭晓电子战之前，让我们先来看看它得以萌芽形成的沃土——神秘的电磁波。

1831 年，英国科学家迈克尔·法拉第（Michael Faraday）首次发现电磁感应现象，揭示了电和磁的内在联系，由此奠定了电磁学的基础。电磁感应现象是指闭合电路的一部分导体在磁场中做切割磁力线运动，导体中就会产生电流的现象。如图 1-1 所示，当磁铁上下移动时，左侧的电流表就会显示有电流产生。这种利用磁场产生电流的现象就叫作电磁感应现象，产生的电流叫作感应电流。

1864 年，同样出生于英国的詹姆斯·克拉克·麦克斯韦（James Clerk Maxwell）用四个简洁、对称的数学公式建立了著名的电磁场理论，并据此预言了电磁波的存在。这一理论后来成为经典物理学的重要支柱之一，为如今的信息时代奠定了理论基石。

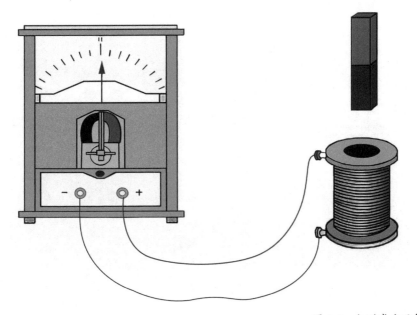

图 1-1　电磁感应现象

$$\nabla \times H = J + \frac{\partial D}{\partial t}$$

$$\nabla \times E = -\frac{\partial B}{\partial t}$$

$$\nabla \cdot B = 0$$

$$\nabla \cdot D = \rho$$

遗憾的是，由于麦克斯韦的电磁理论过于超前，当时并不为很多人所理解。直到他去世 9 年之后的 1888 年，德国物理学家海因里希·鲁道夫·赫兹（Heinrich Rudolf Hertz）才首次用实验证实了电磁波的存在，并观察到电磁振荡在空间的传播。电磁波的传播如图 1-2 所示，赫兹的实验可被称为科学史上的一座里程碑，其不仅证实了麦克斯韦的电磁理论，更重要的是决定了人类必将进入以无线电通信为标志的信息时代。

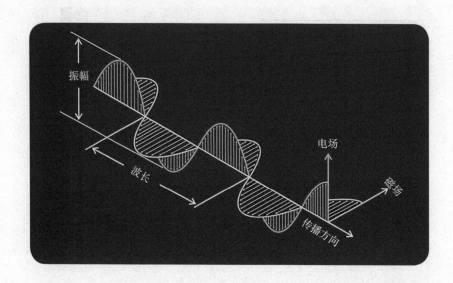

振幅

波长

电场

磁场

传播方向

图 1-2　电磁波在空间中的传播

　　站在这些巨人的肩膀上，19 世纪 90 年代，年轻的意大利工程师伽利尔摩·马可尼（Guglielmo Marconi）在英国伦敦成功地利用电磁波进行了无线电通信实验。此后，马可尼成立了专门的公司，不断地改进自己的发明，促进无线电的发展进入了新时代。马可尼也因此被称为"无线电之父"，并因为对无线电报的发展所做出的贡献，与卡尔·费迪南德·布劳恩（Karl Ferdinand Braun）共同获得1909 年的诺贝尔物理学奖。随着无线电通信技术越来越成熟，通信距离越来越远，无线电很快被应用到了军事领域，许多大型军舰上装备了无线电通信设备，从而开辟了陆海空之后的第四维作战空间——电磁空间。

（二）俄军报务员慌乱中的按键：电磁空间的第一次对抗

　　在大型军舰上装备了无线电通信设备不久，日俄海战爆发。

1904年，为了称霸远东地区，日本和俄罗斯竞相争夺朝鲜半岛与中国东北地区，从而爆发了日俄战争。这次战争是史上第一次敌对双方都使用无线电进行通信的战争，日军在其所有军舰上都安装了无线电装置，但性能很差，只能在一个频点工作，通信距离勉强达到97千米。俄军在其远东地区的战舰和海军基地附近的许多地面站也安装了无线电设备。

1904年3月1日，俄海军将领斯捷潘·奥西波维·马卡洛夫（Stepan Osipovich Makarov）中将出任太平洋舰队司令，他非常重视无线电的军事应用。上任仅6天，马卡洛夫在签发的第27号作战命令中明确规定"应该把敌人的电报全部都记录下来，尔后，指挥员应该采取一切措施判明敌军上级的呼号和回答信号，如果可能的话，应判明电报的含义"。①

为尽快结束旅顺口的战斗，1904年4月14日凌晨，日军春日号和日进号两艘装甲巡洋舰准备炮击俄军停泊在旅顺港的军舰，但这些军舰位于旅顺港的内航道，在开阔的外海上是看不到的，因此日军无法瞄准射击。于是，日军派出一艘小型驱逐舰停泊在靠近海岸的有利地点观察弹着点，并用无线电报向巡洋舰发送射击校准信号。然而，日军发出的校准信号被旅顺港基地的俄军报务员截获，该报务员慌乱中按下了无线电发报机的按键。这台火花式发报机产生的电磁波对日舰的无线电通信造成了严重干扰，巡洋舰得不到校准信号，无法修正目标位置信息，炮手只能盲目射击。结果，俄军舰艇在那天的战斗中无一损伤，日军则被迫提前停止炮击并撤出战斗。

这次战斗中，俄军报务员于慌乱中无意识地按键不仅帮助俄军

---

① 袁文先，杨巧玲. 2008. 百年电子战. 北京：军事科学出版社：16.

取得胜利，更重要的是产生了一种全新的作战行动——电子战。马卡洛夫签发的第 27 号作战命令是人类战争史上第一个关于实施电子战的命令，报务员按键产生的电磁波与日军电磁波在电磁空间中"碰撞"，干扰了日军正常地使用电磁波。这也正是电子战最本质的特征，即为确保己方使用电磁频谱，同时阻止敌方使用电磁频谱所采取的战术与技术[①]。

此后，随着电子技术的发展和军事应用的扩展，电子战的内涵也在不断演进和完善。那么，如今的电子战又包含哪些内容呢？下面，就让我们随着时间的脉络，看看电子战发展史上那些经典战例，并从中寻找答案。

二、从初出茅庐到当打之年

（一）对马海战中初露锋芒

1905 年 5 月，日本联合舰队与俄国第二太平洋舰队在日本海域进行了一场大规模的海战。日军舰队由海军大将东乡平八郎指挥，几乎所有的舰艇都集结在朝鲜海峡南端的马山海湾，并做好随时开赴开阔海域拦截敌舰的一切准备。日军舰队建立了严密的监视系统：由定点配置的舰只进行连续巡逻，一艘战舰配置在对马海峡南端，作为海上巡逻舰与港内指挥部之间的中继站。俄罗斯舰队由罗杰斯特文斯基指挥，不仅配备了常规的无线电通信设备，还在一艘辅助巡洋舰乌拉尔号上装备了更先进的远距离大功率无线电通信设备，作用距离可达 700 千米。

---

① Adamy D L. 2011. 电子战原理与应用. 王燕，朱松，译. 北京：电子工业出版社：3.

这两支强大的舰队一进入对马海峡便开始了一场激烈的无线电战。1905 年 5 月 27 日凌晨，浓雾弥漫，能见度只有 1.5 千米，为避免被日军发现而遭到攻击，俄军舰队司令罗杰斯特文斯基下令保持彻底的无线电静默。2 时 45 分，日军信乃丸号武装商船发现一艘亮着航灯的舰船，但不能分辨其所属国家和种类，于是便尾随跟踪。4 时 46 分，大雾逐渐散开，信乃丸号辨明这是一艘俄国医疗船，并看到距离这艘医疗船仅 1 千米远的一长列俄军战舰，报务员立即用无线电向舰队司令报告。但由于设备性能太差，一时无法送达这个重要情报。与此同时，俄军舰队也发现了这艘日舰，许多俄舰上的报务员都侦听到信乃丸号向其旗舰发送的无线电报警信号，乌拉尔号舰长及时向旗舰提出实施无线电干扰的建议，但并没有引起舰队司令的警觉，只是简短地回答："保持静默。"不久，信乃丸号与日本海军分舰队指挥部之间的无线电联系接通了，"发现敌舰队"的情报传送了出去。信乃丸号继续跟踪观察，并持续不断地将俄舰编队的组成、航线、位置、速度等重要情报报告给日舰司令，使东乡平八郎有充足的时间调动部队，进行周密部署，做好迎击的准备。拂晓之前，早已云集在对马海峡的日军舰队突然出现在海面上，俄军舰队处于致命的交叉火力网内，日军舰队发射的炮弹像冰雹一样落在俄军舰船上，一艘艘舰船被击沉坠入海底。最终的结果可想而知，日军大获全胜，俄军只有 3 艘战舰逃脱，罗杰斯特文斯基也成了日军的俘虏。

无线电静默

为隐蔽己方作战企图而在规定时间和区域内禁止无线电发信的措施。通常在战斗准备、变更部署、设伏和撤离战场等时机实施。

在这场战争中，日军充分利用无线电的潜力，提前发现敌情和快速做出无线电告警成为作战计划成败的关键，而俄军虽然拥有当时最先进的大功率无线电设备，但未能有效地加以利用，从而给日俄战争带来了决定性的影响。

对马海战中，俄军有了利用通信设备破坏并阻止敌方无线电通信的意识，这些意识具有明显的电子战痕迹，可以看作是电子战思想的萌芽和雏形。[①]

在随后爆发的第一次世界大战中，无线电通信在各参战国的军队中得到普遍使用，并在作战指挥中发挥了重要作用，由此推动了电子战从临时应变的应用方式发展到有意识地应用电子战的实战阶段，无线电干扰作为阻止对方正常通信的有效手段正式登上战争舞台，这是电子战正式形成的标志。无线电通信对抗在战争中的作用引起了人们的高度重视，促使电子战不断向新的领域拓展。从此，电子战在人类战争的舞台上驰骋纵横、所向披靡。

（二）诺曼底登陆中全面发展

到了第二次世界大战期间，无线电通信对抗更加激烈。与此同时，无线电导航系统和雷达系统在战争中的广泛应用促进了导航对抗与雷达对抗的诞生。其中，将电子战的战术、效能发挥得淋漓尽致的当数诺曼底登陆战役。

第二次世界大战后期，盟军为在欧洲大陆开辟第二战场，加速法西斯的崩溃，策划了世界战争史上最大规模的登陆战——诺曼底登陆。为保证登陆战的成功，盟军使用了包括电子战在内的多种手段来迷惑德军，制定了一个严密而有效的综合电子战作战计划。

---

① 韩道文，李建强，李双刚，等. 慕课（MOOC）"电子战简史".

盟军首先使用了电子欺骗手段,在加莱(Calais)、多佛(Dover)设立了假司令部,不时发出一些用心编造的假电报,故意吸引德军无线电窃听人员的注意,制造了盟军即将在加莱、布伦(Boulogne)方向发起大规模登陆的假象,使德军调重兵到加莱、布伦地区,放松了对诺曼底半岛的防范。

电子欺骗

指利用电子设备和器材发出电磁信号,模拟己方部队的行动和部署,欺骗敌方电子设备,使敌方对己方的部署、作战能力和作战企图产生错误判断,从而迷惑和扰乱敌方的军事企图。

无 源 干 扰

无源电子干扰的简称,指使用本身不发射电磁波的器材反射或吸收敌方发射的电磁波而形成的电子干扰,可分为反射型无源干扰和吸收型无源干扰。

箔条是由金属箔或金属丝制成的雷达无源干扰器材。箔条的长度约为被干扰雷达波长的一半。箔条反射的电磁波在雷达荧光屏上形成比目标更强的光标,从而达到干扰雷达探测的目的。

发起登陆前,盟军巧妙地运用了无源干扰手段,一方面,在布伦地区实施海上佯攻,用许多小船装上对无线电波有强烈反射的角反射体,并拖着敷有金属层的气球;另一方面,用飞机、舰炮和火箭向小船上空投撒了大量箔条,在德军雷达荧光屏上造成了有大批护航飞机掩护大型军舰强行登陆的假象。此外,盟军还在布伦附近海岸投放人体模型和偶极子反射体模拟的假伞兵,又以一小批装有干扰机和无源干扰箔条的飞机,模拟对德军进行大规模偷袭的假象。这些活动持续了 3 ～ 4 个小时，给德军造成了错觉，匆忙把大量的海、空力量调往布伦地区，德军防线被攻破。

登陆开始时，盟军在诺曼底主要登陆方向上，派了 20 多架装有"轴心"干扰机的电子干扰飞机对德军雷达施放干扰，使德军部署在沿海的所有预警和火控雷达完全失效，从而掩护了在英国上空集结的飞机编队飞向欧洲大陆。有意思的是，德军在卡昂（Caen）附近的一部雷达未被干扰，并发现了登陆舰队正在逼近，但因缺乏其他雷达站的证实，德军雷达情报中心不敢相信此情报的真实性。盟军综合电子战行动的成功，使得 20 万盟军突击部队士兵顺利在诺曼底登陆。参加登陆的 2127 艘舰艇只损失了 6 艘，损失率还不到 3‰。诺曼底登陆战役的胜利，成功开辟了欧洲第二战场，盟军在西欧对德军展开了大规模的攻势，使德军陷入了盟军和苏军的两面夹击之中，加速了德意志法西斯的失败，对加快结束第二次世界大战起到了重要作用。

诺曼底登陆淋漓尽致地展现了电子战的全面和作用。英国首相丘吉尔（Churchill）在诺曼底登陆结束后，高度赞扬电子战的成功应用："我们的电子欺骗措施在总攻开始之前和开始之后，有计划地引起敌方的思想混乱。其成功令人赞美，而其重要性将在战争中经受考验。"诺曼底登陆可以说是电子战第一次成功的大规模运用，在世界军事史上写下了十分重要的一页，形成了电子战的第一个高潮。

（三）贝卡谷地之战中逐步成熟

第二次世界大战之后，东西方对立加剧，开始了长达几十年的冷战。其间，电子技术、光电子技术、航空航天技术、导弹技术以及火控技术和计算机技术飞速发展，各种电子传感器不断出现，精确制导武器开始崭露头角，由此促进了激光对抗、红外对抗等电子战新领域的诞生。此外，反辐射武器的出现拉开了电子战"硬杀伤"的序幕。电子战在战争中发挥的作用越来越大，成为大多数国家竞相发展的领域。电子战从第二次世界大战的战役、战斗保

反辐射武器

指利用敌方辐射源发射的电磁波进行自导引，跟踪并摧毁该辐射源的武器，如反辐射导弹、反辐射炸弹、反辐射无人机等。

障手段逐步发展成为现代高技术战争的一种攻防兼备的双刃撒手锏。

以色列凭借其突出的电子战能力，袭击叙利亚部署在贝卡谷地（Beqaa Valley）的"萨姆-6"（SA-6）防空导弹（图 1-3）阵地。贝卡谷地是一块南北向的狭长地带，谷地两侧高山连绵，地势险要。叙利亚在贝卡谷地部署了由 20 多枚 SA-6、"萨姆-2"（SA-2）和"萨姆-3"（SA-3）防空导弹连组成的防空网。1982 年 6 月 9 日 13 时 30 分左右，以色列率先拉响战斗警报，"鹰眼"（Hawkeye）预警机升空监视叙军动向，特种部队摧毁了位于贾拜尔巴拉克山顶的叙军雷达站。接着，以军出动经过特别改装的"侦察兵"（Scout）和"猛犬"（Mastiff）无人机模拟以军战机雷达信号，诱使叙军制导雷达开机和导弹发射，以军电子战飞机捕获电磁信号后迅即传给"鹰眼"预警机，"鹰眼"预警机再将这一信号传给 F-4 战斗机（F-4 Fighter，"鬼怪Ⅱ"）并引导其发射反辐射导弹，准确无误地摧毁了制导雷达，使叙军雷达都变成了"瞎子"。此后，以军出动各类战机 96 架，冲向叙军导弹阵地，摧毁了叙军 17 个"萨姆"导弹连。叙军仓促间出动 60 余架"米格-21"PF、"米格-23"BM 战机迎战，然而以军早有防范，叙军战机起飞后便因受到电子干扰与地面失去

联络。10 日，以军又出动 92 架战机，击落叙军的 25 架战机和 5 架直升机，摧毁叙军在贝卡谷地残存的 2 个地空导弹连，并协助地面部队重创贝卡谷地的叙军坦克部队，最终迫使叙军于 11 日 12 时起停火。

贝卡谷地之战，充分展现了电子战在高技术战争中的巨大作用。

图 1-3 "萨姆-6"防空导弹

以军采取电子先行、先机致盲、多方协同、由点到面的战术，以极小代价达成了作战目的。[①] 在这场战争中，以色列运用了一套适合于现代战争的新战术，以叙利亚的 C^3I [指挥（command）、控制（control）、通信（communication）、情报（intelligence）] 系统和 SA-6 导弹阵地为主要攻击目标，把电子战作为主导战斗力的要素，采取自卫干扰和支援干扰相结合、有源干扰和无源干扰相结合、压制性干扰和欺骗性干扰相结合、软杀伤和硬摧毁相结合等手段，联合应用各种电子战手段和其他作战行动，形成了侦察、告警、干扰、摧毁一体化，致使叙利亚的 19 个地空导弹阵地全部被摧毁，81 架飞机被击落，而以色列作战飞机则无一损失。

（四）海湾战争中提升飞跃

如果说在前面所述的几场战争中，电子战作为重要作战手段在战争中发挥了突出的作用，那么在 1991 年初爆发的海湾战争中，电子战已发展成为高技术战争必不可少的组成部分，也标志着电子战进入了提升飞跃阶段。

海湾战争开创了现代战争的先河，以美国为首的多国部队，投入先进的电子战装备，向世人展现了一场"全领域、全空域、全时域、全频域"的电子战，大大颠覆了人们对战争形态的原有认知。这么说，是因为在战争开始前，美国就已经开始实施"沙漠盾牌"行动（图 1-4），利用"四网"针对伊拉克展开了大量的情报侦察。"四网"是指由卫星组成的"天网"、由预警机和空中指挥机组成的"空网"、由车载指挥系统和陆基雷达组成的"地网"，以及由舰载

---

① 张辉，谢菲. 2019. 贝卡谷地之战：电子战制胜的经典之作. 解放军报，2019-10-29：第 7 版.

图 1-4　1990 年 8 月 7 日凌晨 2 时，美国总统乔治·赫伯特·沃克·布什（George Herbert Walker Bush）正式批准了"沙漠盾牌"行动计划

电子情报系统组成的"海网"。以美国为首的多国部队,凭借电子战的优势,在开战前已经将伊拉克军队的底细侦察得一清二楚,此时的伊拉克军队对于美国来说,军力布置尽收眼底,可以说此时虽然战争还未开打,而伊拉克已经输了,没有任何悬念。

1991年1月5日,布什向萨达姆发出撤军的要求遭到拒绝,随后"解放"科威特的"沙漠盾牌"行动正式开始。美军的攻势摧枯拉朽,伊军的守势螳臂当车。在空袭之前,美军对伊拉克军队实施了代号为"白雪"的电子干扰行动,直接导致伊军的雷达迷盲,通信中断,制导失灵,甚至连广播都是噪声一片。在38天的战略空袭中,得益于美军开战前做的大量情报工作,以美国为首的"联合国军队",虽然只有2260架飞机,但是飞机的出动却达到了11.2万次,平均每天3000架次,每架战机平均日出动1.33次。反观伊军的战机,与美军战机同一档次的"米格-29"(MiG-29,北约代号Fulcrum,中文:支点)战机,在多国部队高水平的战场预警、侦察、监视、打击的系统中,每次空战都只能勉强应付一下,随后便仓皇逃窜,没有发挥出一点作用。最终这场战争仅仅历时43天便宣告结束。

海湾战争至今,电子战的地位和作用更加凸显,甚至成为现代战争中决定胜负的关键因素。电子战装备的系统化、集成化程度越来越高,战术行动更趋多样,理论体系逐步完善。

随着时间的推移,电子战的发展大致经历了萌芽形成、全面发展、逐步成熟和提升飞跃等阶段,如今可以说进入了认知赋能阶段(图1-5),每个阶段的电子战均有自己的特点。

至此,我们也可以从以上战例中总结回答什么是电子战这个问题。电子战亦称电子对抗,是指使用电磁能、定向能和声能等技术手段,控制电磁频谱,削弱、破坏敌方电子信息设备、系统、网络

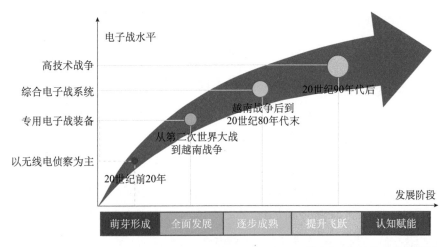

电子战水平

高技术战争

综合电子战系统

专用电子战装备

以无线电侦察为主

20世纪90年代后

越南战争后到
20世纪80年代末

从第二次世界大战
到越南战争

20世纪前20年

发展阶段

| 萌芽形成 | 全面发展 | 逐步成熟 | 提升飞跃 | 认知赋能 |

图 1-5 电子战发展路线图

及相关武器系统或人员的作战效能，同时保护己方电子信息设备、系统、网络及相关武器系统或人员作战效能正常发挥的作战行动。从内涵上讲，它包括电子对抗侦察、电子进攻和电子防御。从作战形式上看，它包括雷达对抗、通信对抗、光电对抗、无线电导航对抗、水声对抗以及反辐射攻击等。

海湾战争之后，科索沃战争、阿富汗战争、伊拉克战争等数次战争实践也一次次地发人深省：未来战争到底会怎样？电子战从 20 世纪的初出茅庐到如今的当打之年，随着对抗目标新技术新装备的出现，电子战理论和技术必将进入新的发展阶段。

三、新时代新挑战

从 1904 年诞生至今，电子战已经走过了一百多年的历史。它伴随着战争的硝烟不断发展壮大，在无数次大大小小的战争中不断丰富自己的内涵，逐步成为现代战争中重要的作战力量和制胜武器。步入新时代后，电子战面临着全新的挑战。

（一）复杂的电磁环境

随着信息技术在军事领域的迅猛发展，电磁波已经成为敌对双方交战的一种武器，电磁空间变成了新的战场。在这个新的战场上，不仅有自然电磁现象和人类正常生产生活所需的各种电磁信号，而且充斥着敌对双方各种信息化武器装备所释放的高密度、高强度、多频谱的电磁波。电磁空间因此呈现出信号密集、种类繁杂、对抗激烈、动态变化等复杂特性，表现在空间、时间、频谱、能量多个领域。电磁空间态势分布如图 1-6 所示，图中暖色区域表示电磁信号密集，冷色区域表示电磁信号密度较低。

作为战场信息的主要载体，电磁波虽然看不见、摸不着，但是在战场空域中，不同来源的电磁波交织叠加。在其中任何一点接收到的电磁信号的构成都非常复杂，既有自然电磁辐射，又有人为电磁辐射。在人为电磁辐射中，既有军用电磁辐射，又有民用电磁辐射。

在时间维度，从宏观上看，无论是自然还是人，其活动都不是一成不变的，产生的电磁辐射随时间变化而变化。除此之外，不同辐射源发射的电磁波的时间特性也不同，有的发射连续波，有的发射脉冲信号。这些因素共同构成了时而密集、时而静默的动态变化的电磁空间。

从频谱维度来看，电磁频谱看似是无限的，实则是有限的，根据《中华人民共和国无线电频率划分规定》和国际电信联盟（International Telecommunication Union，ITU）的《无线电规则》（Radio Regulation），电磁波的频率范围从 0 赫兹到 3000 千兆赫兹，但是无线电应用主要集中于 60 千兆赫兹以下，其中 3 千兆赫兹以下最为密集。随着第五代移动通信技术（5G）、物联网等新兴无线业务的快速发展，电磁频谱将更加拥挤，在某一频谱范围内必然出现多种电磁信号叠加的现象。

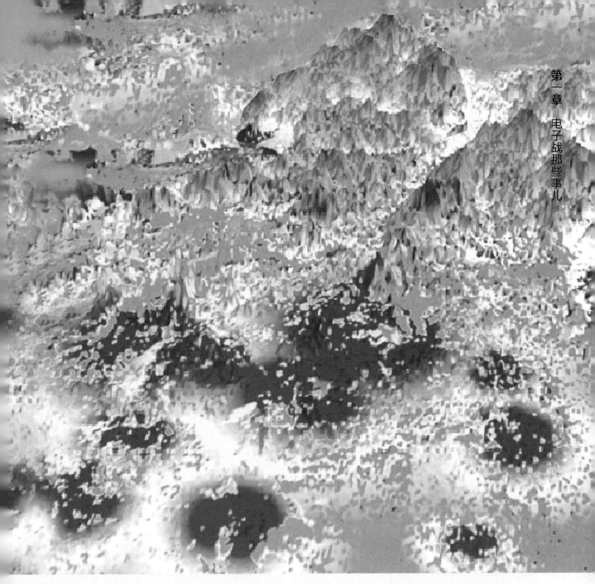

图 1-6　复杂电磁态势图

　　从能量维度来看，人们利用天线将电磁能量发射到空间中的特定区域，使得辐射源的辐射功率具有明显的空间分布特性。不同辐射源的电磁能量在空间中汇聚，由于具有不同的功能用途，有的电磁信号很强，有的电磁信号很弱，弱电磁信号将淹没在强电磁信号中。

（二）作战对象的智能化变革

　　21 世纪以来，随着大数据和图形处理单元（graphics processing

unit，GPU）的快速发展，以深度学习为代表的机器学习技术引领了人工智能的第三次浪潮。尤其是在计算机视觉领域取得了巨大进步，并得到了大规模实际应用，如人脸识别已广泛应用于楼宇门禁、安检等，无人驾驶也已有了初步的应用。

这次浪潮很快便席卷到军事领域，新型智能武器正在颠覆传统的军事战略及其作战模式，战争形态正在向智能化战争转变。人工智能控制的机器人，包括无人机、无人地面车辆，成为战争的重要组成部分。在一些复杂地形区域（如城市中），无人机和地面机器人的感知和自主能力，能够大大提高对威胁的感知与应对能力。在美国国防部高级研究计划局的模拟作战场景中，无人机和地面机器人都可以在没有遥控或更多监管的情况下像集群其他正常成员一样自主行动，并保持在集群中的正确位置，同时将感知到的信息实时传递到同集群其他成员的护目镜上和指挥部的屏幕上，让单个士兵获得超人般的战场感知能力。美国国防部高级研究计划局还致力于在未来实现人机结合，直接将人工神经系统植入或嵌入士兵的大脑中，增强其认知能力，创造"超级士兵"。另外，在一些武器装备上，人工智能承担了最主要的工作，包括情报搜集、目标筛选、作战规划等。例如，以色列的"哈比"（Harpy）自杀式无人机可以实现自主寻的攻击，而且在目标丢失后还能继续搜寻目标并重新设定攻击目标。

未来，随着生物技术和人工智能应用于军事领域，智能化武器必将成为现实。美国国防部高级研究计划局局长史蒂文·沃克（Steven Walker）博士认为，人工智能以及自动化或半自主系统是全球军事领域潜在的具有变革性的技术，有望彻底改变现代战争的性质。美国国防部高级研究计划局已经启动"阿凡达"尖端军事科研项目，致力于探索利用意念控制机器人作战。该项目构想来源于科幻电影《阿凡达》（Avatar），目的就在于打造由人类大脑远程控制的"机器人兵团"。未来战场上可能会出现各种先进的由大脑控制的装备，这些武器装备不再是一个外部工具，而是一个人与装备融合形成的有机整体，实现人机合一。

2022年，霍尼韦尔（Honeywell）公司开发的RDR-84K雷达系统控制的无人机成功通过高风险避让测试。这次测试是在美国凤凰城（Phoenix）地区的一处沙漠中开展的，两架处于自动驾驶状态的无人机飞离地面约90米。多次飞行测试表明，配备了RDR-84K雷达系统的无人机在检测到入侵无人机时能计算出避让动作并接管导航，成功执行多个避让动作。

近几年，世界主要军事强国纷纷围绕发展智能化装备推出了相关战略规划，布局智能化装备发展，使得智能化装备数量急剧增多，实战应用也逐渐展开。由此不难推断，电子对抗的作战对象必将受智能化浪潮的影响，逐步发展为智能化武器。

未来已至，电子战将如何应对？

第二章

让电子战
"思考"起来

攻人以谋不以力,用兵斗智不斗多。

进攻作战时，要用智谋而不是用蛮力；用兵打仗时，要斗智而不是斗勇。电子战若要适应未来的战争，就必须"思考"起来，应对智能化的作战对象。

随着信息技术的不断发展，战场电磁环境日益复杂，各种新体制雷达与通信设备中的智能技术、网络技术与抗干扰技术的广泛应用，给传统电子战带来了严峻挑战。2010 年，美国空军研究实验室（Air Force Research Laboratory，AFRL）的迈克·威尔克斯（Michael Wicks）博士在《频谱拥塞与认知雷达》（"Spectrum Crowding and Cognitive Radar"）一文中明确提出，在频谱密集的环境中，要想在任意时间、任意地点自主地预测、发现、锁定、跟踪、瞄准、交战与评估敌方任意目标，就必须改变传统电子战的方式，采用认知赋能，研究新的方法[①]。

一、压在身上的"三座大山"

从电子战萌芽形成、全面发展、逐步成熟和提升飞跃的过程可以看出，电子战是通过控制电磁频谱实施作战行动的。随着战场电磁环境的日趋复杂和对抗目标抗干扰能力的日渐增强，传统电子战面临精确目标感知、自主决策对抗和实时效果评估等一系列考验。

（一）感知难

在复杂的信息化战场中，目标感知是电子战行动的第一步。传

---

① Wicks M. 2010. Spectrum Crowding and Cognitive Radar. 2010 2nd International Workshop on Cognitive Information Processing. IEEE, 452-457.

图 2-1　多功能雷达示意图

统电子战系统一般是先通过侦察记录下敌方电子信息设备的波形，在实验室进行技术分析后才能进行精准识别。

　　然而现代战场环境是一种高杂波环境，电磁信号高度复杂和密集，不仅包含来自敌方、友方和中立方众多辐射源的信号，还包含雷电等自然电磁辐射信号和多个民用信号。例如在海湾战争中，美军通过对战区电子战的电磁信号测试，发现信号密度高达每秒 120 万～150 万个脉冲[①]。这些电磁信号在时域、频域、空域中的一个或多个域严重交叠，导致现有方法难以有效分选出感兴趣的目标信号。

　　有源相控阵技术的出现使得集搜索、跟踪、监视、导引等多种功能于一体的雷达成为现实，诞生了多功能雷达（图 2-1）。多功能雷达具有极强的灵活性，能根据目标环境自适应地调整雷达工作方

————————

　　① 赵扩敏，王永生，刘占友.2008.潜艇 ESM 系统发展探析.舰船电子对抗，31（2）：15-19.

式和波形，形成很强的反干扰能力，给雷达对抗带来了前所未有的挑战。在军事通信领域，差分跳频通信、变速跳频通信、扩频通信、猝发通信和自适应调零天线技术等抗干扰通信技术层出不穷，特别是认知无线电技术的飞速发展，给现有通信对抗装备发挥作战效能增添了重重障碍。

由此可见，复杂的电磁环境、新体制雷达和新的通信技术手段给电子侦察带来了异常严重的困难。

（二）对抗难

传统电子战的干扰决策基本上都是指挥员的经验决策。指挥员根据个人所拥有的相关知识和战斗经验，经过直观分析判断，做出决策，进行指挥。由于在复杂多变的作战环境中，干扰设备很难完全识别对方作战装备所采取的抗干扰策略，因此指挥员就很难做出与之抗衡的对抗策略。此外，值得注意的是：通信和雷达装备在战时的工作模式一般不同于平时，这有可能导致指挥员平时积累的作战经验大打折扣。

现代战争中，随着干扰目标的进化，指挥员所面临的指挥决策环境愈发纷繁复杂、瞬息万变，通过传统的经验决策已经很难在短时间内对众多目标和任务迅速、有效地拟定干扰方案，更加难以根据干扰效果实时地调整干扰方案。

（三）评估难

在干扰效果评估方面，传统评估大多采取的是基于合作方式的事后评估，评估的对象是合作的对抗目标，这就意味着评估方可以获得相对完备的信息对干扰效果进行有效的估计。这种评估方式对抗目标有点儿像是"陪练",自己的"招式"是否奏效,对方会给出完整的反馈信息。因此,传统评估往往用于在战前进行推演评估,以验证装备的作战能力,或是在战后进行作战总结性评估,是一种非实时的方式。

然而,在实际的电子战作战场景中,我们面对的对抗目标必然是非合作的,对手不但不会告诉我们招式是否奏效,甚至还有可能做出一套"假动作"来迷惑我们,这就导致战时难以对干扰效果进行有效的评估,进一步加剧了干扰策略选择的困难。

总而言之,电子战需要靠不断博弈和对抗来"吃饭"。从博弈的基本逻辑来讲,电子战的发展节奏永远落后于作战对象的发展节奏。从电子侦察、电子干扰和干扰效果评估面临的困难可以看出,传统的电子战无法适应作战对象的变化,因此,为提高电子战能力,无论是电子战装备还是其技术的预先布局,都必须基于具体的作战对象的发展现状或者发展趋势、发展规划①。可想而知,这几乎是不可能的,难道电子战就只能是永远跟不上的"追赶者"?

或许我们可以转换一下思路,让电子战"思考"起来,使其能够从电磁环境中学习,从与作战对象的博弈中学习,并在学习中持续提高作战能力。

二、机器也可以有"智慧"

(一)人工智能与认知

1956 年 8 月,在美国新罕布什尔州汉诺斯小镇宁静的达特茅斯学院中,约翰·麦卡锡(John McCarthy)、马文·明斯基(Marvin

---

① 王沙飞,李岩,等. 2018. 认知电子战原理与技术. 北京:国防工业出版社:序.

Minsky）、纳撒尼尔·罗切斯特（Nathaniel Rochester）、克劳德·香农（Claude Shannon）、艾伦·纽厄尔（Allen Newell）、赫伯特·西蒙（Herbert Simon）等科学家聚在一起，讨论着一个完全不食人间烟火的主题：用机器来模仿人类学习以及其他方面的智能。会议足足开了两个月的时间，虽然最终大家没有达成普遍的共识，但是却为这次会议讨论的内容起了一个名字：人工智能。这一年也因此被称为"人工智能元年"。

人工智能诞生至今，发展道路曲折起伏，对于其阶段的划分也是仁者见仁、智者见智，这里我们将其大致分为以下三个阶段。第一阶段（1956～1979 年），此时人工智能刚刚诞生，符号主义盛行，科学家将符号方法引入统计方法进行语义处理，取得了显著的成果，形成了人工智能的第一次发展浪潮。后期人工智能所基于的模型存在的局限性和算力的不足成为人工智能发展的阻力，人工智能陷入第一次低谷。第二阶段（1980～1999 年），受益于专家系统的成功开发和商业应用以及反向传播算法（back-propagation algorithm）的提出，人工智能迎来了第二次发展浪潮。但是由于开发成本高、应用领域狭窄，专家系统逐渐失去人们的宠爱。人工智能计算机研制失败，标志着人工智能再次陷入低谷。第三阶段（2000 年至今），随着信息技术的突破和广泛应用，以及大数据的积累、以深度学习为代表的算法模型的突破、算力的大幅提升，人工智能技术进一步实用化，并受到了前所未有的关注，形成了跨越式发展的第三次浪潮。

虽然人工智能的发展有着六十多年的历史，但是由于不同学者对人工智能有着不同的理解，因此目前依然难以给其下一个广泛认可的定义。1991 年，里奇·奈特（Rich Knight）将人工智能定义为："人工智能是研究如何让计算机做现阶段只有人才能做得好的事情。"[①] 1998 年，尼尔斯·约翰·尼尔森（Nils John Nilsson）给出的人工智能定义为："人工智能是关于人造物的智能行为，而智能行为包括知觉、推理、学习、交流和在复杂环境中的行为。"[②] 斯图尔特·罗素（Stuart Russell）和彼得·诺维格（Peter Norvig）则将人工智能的定义分为四类：像人一样思考的系统、像人一样行动的系统、理性地思考的系统和理性地行动的系统。我国《人工智能标准化白皮书（2018 版）》中也给出了人工智能的定义："人工智能是利用数字计算机或者由数字计算机控制的机器模拟、延伸和扩展人的智能，感知环境、获取知识并使用知识获得最佳结果的理论、方法、技术和应用系统。"[③] 可见，人工智能的核心是围绕智能活动而构造的人工系统，这也正符合人工智能的英文名称 artificial intelligence 的意思。

根据能否实现理解、思考、推理等高级行为，可将人工智能分为强人工智能和弱人工智能。强人工智能是指真正能像人类一样思考、具有自我意识、能够自主学习的机器。目前，强人工智能不仅

---

① 廉师友. 2020. 人工智能导论. 北京：清华大学出版社：3.
② 廉师友. 2020. 人工智能导论. 北京：清华大学出版社：3.
③ 中国电子技术标准化研究院. 2018. 人工智能标准化白皮书（2018 版）. http://www.cesi.cn/images/editor/20180124/20180124135528742.pdf[2023-07-01].

在技术上极具挑战性，而且在科学伦理上存在巨大争议。据不完全统计，目前全球已经发布了 100 多个人工智能伦理治理相关文件，我国也相继发布了《新一代人工智能治理原则》《新一代人工智能伦理规范》等政策文件。弱人工智能是指不能像人类一样推理思考并解决问题的智能机器，其仅能实现特定的功能，而不能像人类一样可以适应不同的环境并不断进化出新的功能。目前，主要的研究尚局限于弱人工智能领域，但在图像识别、语音识别等一些任务上已经超越了人类的感知水平。

可以看出，人工智能已经在"听、说、看"等领域达到或超过了人类水平，正在从感知智能向认知智能演进。认知智能是基于类脑的研究和认知科学，赋予机器人一样的思维逻辑和认知能力。实际上，21 世纪初，科学家已经大胆设想，提出赋予无线电和雷达认知的能力，具有一定感知和决策能力的认知无线电与认知雷达已经相继问世。

（二）有限的频谱与认知无线电

无线电频谱是一种宝贵且有限的资源，具有极高的经济价值和社会价值。为了有效利用无线电频谱资源同时避免相互干扰，国际上通用的频谱管理和分配策略为基于固定频谱分配的模型，即由频谱管理部门将可用频谱资源统一分配并授权通信运营商等用户使用。对于授权频段，非授权用户不得随意使用。通常情况下，一个频段仅供一个无线通信系统使用，不同的无线通信系统使用不同的频段，互不干扰。我国制定了《中华人民共和国无线电管理条例》，工业和信息化部审议通过了《无线电频率使用许可管理办法》等法规条例，对无线电频谱资源的管理和使用进行约束。同时，工业和信息化部还专门设立无线电管理局（国家无线电办公室）负责相关工作。

随着各种无线电新技术的飞速发展和新业务的广泛应用，社会对无线电频谱资源的需求日益增长，频谱资源变得越来越紧张，频谱需求和供应之间的矛盾日益突出。然而，频谱资源匮乏是一个假命题，根本原因就是现行的"预先分配、授权使用"的频谱管理模式。实际的频谱使用情况极不平衡，有的频段使用很频繁，而有的频段只是偶尔使用。2018 年，上海对 798 兆赫兹～960 兆赫兹范围内的频率使用率进行了评价，结果表明，在行政许可使用的某频段，平均覆盖率小于 15%，远低于国家要求的 70% 的要求 [①]。

为了提高频谱资源的使用率，1999 年，瑞典皇家工学院无线系统研究中心的约瑟夫·米托拉（Joseph Mitola）博士提出了认知无线电的概念，即"一种采用基于模式的推理达到特定无线相关要求的无线电"。2003 年，美国联邦通信委员会（Federal Communications Commission，FCC）从应用角度对认知无线电给出了较为通俗的定义："认知无线电是一种基于与操作环境的交互动态改变发射机参数的无线电。"由此可知，认知无线电是一种具有频谱感知能力的智能化软件无线电，如图 2-2 所示，它能自动感知周围的电磁环境，寻找频谱空穴，并通过通信协议和算法将通信双方的信号参数调整到最佳状态。认知无线电通过在时间、频率和空间上进行多维的频谱复用，实现了频谱的高效利用，从而为从根本上解决日益增长的通信需求与有限的无线频谱资源之间的矛盾提供了一个行之有效的途径。

---

① 郭锋. 2018. 频率使用率评价：频谱监管新抓手. 上海信息化，（11）：38-40.

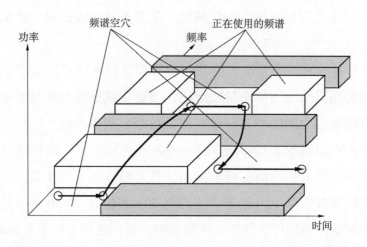

图 2-2　认知无线电

（三）小小蝙蝠与认知雷达

蝙蝠是唯一能够真正自主飞翔的哺乳动物，蝙蝠虽然视力较差，却能够在夜间或其他十分昏暗的环境中自由飞翔和准确无误地捕捉食物。蝙蝠这种在夜间复杂环境中捕获食物的"超能力"得益于其特有的回声定位系统，它通过喉部发出超声波，听觉系统负责接收外界反射的回声，然后经大脑分析并做出反应。研究发现，蝙蝠会根据环境的变化和自身需要及时改变超声波的参数，包括频率、强度和时间，以保证它们能够听清周围的环境，准确地寻找食物或灵巧地躲避障碍。

受蝙蝠回声定位系统及认知过程的启发，国际著名信号处理专家西蒙·赫金（Simon Haykin）于 2006 年首次提出了认知雷达的概念。认知雷达改进了传统雷达发射波形单一、环境适应能力差的缺点，通过感知环境自适应地调整雷达的收发系统，从而提高探测性能。

认知雷达的基本结构如图 2-3 所示。与传统雷达的最大区别是，

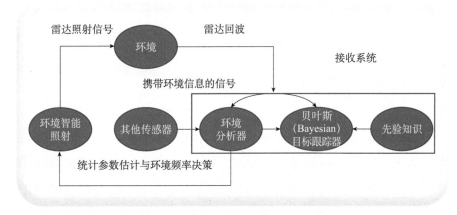

图 2-3　认知雷达

认知雷达是一种闭环反馈结构。雷达是通过其发射的电磁波与环境、目标的相互作用来获取信息的。传统雷达采用固定的工作模式、不变的波形参数，每次发射都是固定的几种波形，很难在复杂环境下得到良好的检测和分辨性能。认知雷达却不同，其通过与环境不断地交互进而理解环境并适应环境。在发射端，每次发射都根据前一次接收反馈的信息改变发射波形来实现波形和环境的最优匹配。环境分析器为接收机提供环境信息，辅助接收机对目标做出更好的判定。接收机对回波数据进行统计分析，确定杂波和目标的模型，然后反馈给发射机，帮助其调整发射参数。如此循环往复，不断优化雷达系统探测性能。

虽然提出认知无线电的初衷是解决频谱资源匮乏问题，但其恰巧具备了对电子干扰的认知和规避能力。类似地，认知雷达的提出也是为了在密集杂波、多目标背景的复杂战场环境下实现对目标有效、可靠的探测和跟踪，却同时使得传统的雷达干扰手段和方式难以应对。

无论是认知无线电还是认知雷达，它们之所以被冠以"认知"

的名号，就在于它们都在与电磁环境的交互中获取知识，改变自身工作参数，适应环境。

三、认知就是一个"圈"

认知技术赋予了通信和雷达装备更灵活的波形，那么作为博弈方的电子战又该如何应对？800多年前，我国南宋理学家朱熹提出的"以其人之道，还治其人之身"处世之道，为我们理解新时代的电子战带来了一定的启示：电子战也必须发展认知能力，即认知电子战。

截至目前，还没有对"认知电子战"公认的标准定义，王沙飞院士在《认知电子战原理与技术》一书中将认知电子战定义为：以具备认知性能的电子战装备为基础，注重自主交互式的电磁环境学习能力与动态智能化的对抗任务处理能力的电子战形态，实现将电子战从"人工认知"向"机器认知"的升级[1]。认知电子战的认知过程是一种观察（observe）环境—适应（orient）环境—做出决策（decide）—采取行动（act）的OODA循环。学习能力在循环过程的每个环节中都发挥着作用，是认知电子战最重要的能力要求[2]。如图2-4所示，整个体系包括环境感知、决策行动和效能评估三大模块。

在环境感知模块，认知电子战系统传感器对作战环境完成感知，采用机器学习算法和特征学习技术，通过与环境的不断交互持续地学习环境，在先验知识的支持下，分析得出目标威胁信号的特征，进而将特征信息传给决策行动模块。

① 王沙飞，李岩，等. 2018. 认知电子战原理与技术. 北京: 国防工业出版社: 10.
② 王沙飞，李岩，等. 2018. 认知电子战原理与技术. 北京: 国防工业出版社: 11.

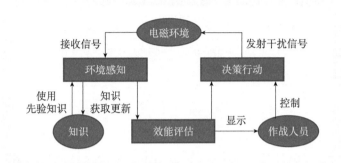

图 2-4　认知电子战的功能组成

在决策行动模块，根据环境感知模块对环境信息的认知，自动生成能够有效对抗的措施，快速确定最佳攻击策略，优化干扰波形，自适应分配干扰资源。

在效能评估模块，由环境感知模块接收目标在干扰实施后的反馈，根据目标威胁信号在干扰下产生的变化评估所采取措施的干扰效果。例如，对雷达来说，主要根据包括威胁雷达信号波束视线角、带宽等的变化来评估对抗效果；对通信目标来说，主要根据频率、功率、传输速率等的变化来评估对抗效果。

四、世界奏响智慧曲

认知电子战的提出，开启了电子战领域新的篇章。为了在未来高技术战争中获得制电磁权的优势，世界各军事强国都在着力提高自身的电子战作战能力，纷纷开展了认知电子战项目研究。

美国最先意识到认知技术给电子战发展带来的机遇，从 2010 年起，美军以提高电子战装备认知能力为核心，陆续开展了认知电子战技术研究，启动了"自适应电子战行为学习"、"自适应雷达对抗"（Adaptive Radar Countermeasure，ARC）、"认知干扰机"
（Cognitive Jammer，CJ）等多个项目。其中最具代表性的是美国
国防部高级研究计划局于 2010 年启动的"自适应电子战行为学习"
项目和 2012 年启动的"自适应雷达对抗"项目。

"自适应电子战行为学习"项目为期 51 个月，分 3 个阶段实施，
旨在对已知、未知的无线通信系统进行检测、描述、分类并动态生
成对抗措施，然后基于观察到的威胁的变化情况，提供精确的电子
战损毁评估，如图 2-5 所示。"自适应电子战行为学习"项目涵盖了
认知电子战的环境感知、决策行动和效能评估三大模块，构成了一
个完整的认知循环。

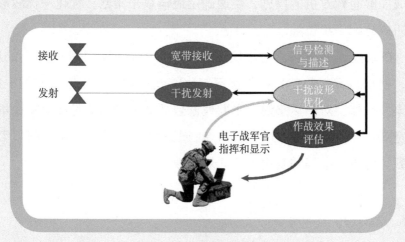

图 2-5 "自适应电子战行为学习"项目闭环结构

"自适应电子战行为学习"项目 3 个阶段的承包商均为洛
克希德·马丁空间系统公司（Lockheed Martin Space Systems
Company，LMT）。在第二阶段，洛克希德·马丁空间系统公司演
示了技术成熟度达到 4 级的系统。在第三阶段，2016 年 6 月 20 日，
"自适应电子战行为学习"系统在试验靶场进行了一系列飞行试验，

演示了其更智能的频谱作战能力，展示了机载"自适应电子战行为学习"系统在各种战术情况下动态感应、表征和干扰自适应无线通信威胁的场景[①]。据英国《简氏防务周刊》(*Jane's Defence Weekly*)报道，美国海军正在研究将"自适应电子战行为学习"项目开发的技术应用到 EA-18G（代号：Growler，中文："咆哮者"）电子战机上。

为对抗敌方自适应雷达系统，美国国防部高级研究计划局于 2012 年启动了"自适应雷达对抗"项目，第一次将认知雷达的概念应用于雷达对抗领域。该项目要求在战术相关时间范围内，基于观测到的新型、未知且不确定的雷达信号，开发一种对抗自适应雷达威胁的电子战能力。

在此期间或之后，美国又陆续开展了极端射频频谱下的极端通信、认知干扰机、认知通信电子战、手持式破坏者系统、认知电子战系统等多个项目，期望通过将自适应、机器学习等算法应用于电子战中，提升自身的电子战作战能力，在未来高技术战争中获取制电磁权的主动优势。

2021 年 9 月，美国空军研究实验室发布"怪兽"项目（Project Kaiju）公告。该项目旨在开发一系列与人工智能 / 机器学习相关的技术和资源，以应对新兴综合防空系统的需求，确保美国空军未来的空中优势。"怪兽"项目将研发新型认知电子战技术以穿透敌方由多光谱传感器、导弹和其他防空设施构成的新型综合防空系统，主要特点包括采用开放式系统标准、敏捷的算法和过程验证工具，开发的新技术能方便移植到现役系统中。"怪兽"项目包括 9 部分，覆

---

① 刘松涛，雷震烁，温镇铭，等. 2020. 认知电子战的进展. 探测与控制学报，42（5）：1-15.

盖大数据生成、算法开发、仿真模拟、演示验证、能力生成等多个方面。"怪兽"项目侧重于认知电子战技术的综合集成，以实现认知电子战更广泛和更高阶的应用，提高运输机、轰炸机、加油机、预警机等大飞机在高端对抗前沿地带的生存能力，从而实现新的作战概念，实施更多样化的作战方案，带来作战力量和作战方式的变革。

　　除美国外，欧洲国家也不甘落后，纷纷加强了对认知电子战的研究。2020年，俄罗斯国防部批准了为部队提供RB-109A"贝利娜"（Bylina）电子战系统（图2-6）的计划。"贝利娜"电子战系

图2-6　"贝利娜"电子战系统

统采用人工智能技术，可在部署后自动与上级指挥部、营、连等建立通信，可以发现和识别敌方的电子战目标，自主选择最优的电子战手段破坏敌方电子信息系统。2021年，欧盟启动了"卡耳门塔"项目，旨在开发基于人工智能和认知行为支持系统的机载自卫能力，以应对当前和未来的各种复杂威胁。[①]

BIS 研究公司

BIS 研究公司是一家著名的市场情报和咨询公司，擅长对处于初期阶段的技术进行深度的市场可行性分析。

商业智能与战略研究（Business Intelligence and Strategy Research，BIS 研究）公司 2019 年发布的《全球认知电子战系统市场——分析与预测，2023—2028：聚焦能力（电子攻击、电子防护、电子支援和电子情报）及平台（舰载、机载、陆地和太空）》[Global Cognitive Electronic Warfare System Market–Analysis and Forecast, 2023–2028: Focus on Capability (Electronic Attack, Electronic Protection, Electronic Support, and Electronic Intelligence) and Platform (Naval, Airborne, Land, and Space)] 报告指出，到 2023 年，全球认知电子战系统市场预计将产生 3.857 亿美元收入，到 2028 年这一数字将提高到 9.284 亿美元，保持 19.2% 的年均复合增长率快速发展。2021 年 3 月，BIS 研究公司更新了市场预测，预计 2023～2033 年将保持 21.54% 的年均复合增长率快速发展。

综上所述，伴随着人工智能技术的突破，各军事强国对认知电

---

① 中国指挥与控制学会. 2022. 2021 年国际电子战发展综述. https://www.sohu.com/a/520326144_358040[2023-07-07].

子战系统的投入正在逐渐加大，认知电子战理论、技术和系统将得到快速发展。

智慧的歌曲已经在全球唱响，接下来让我们看看认知电子战究竟是如何"思考"的。

第三章

电磁空间的
"神探手"

见一叶落，而知岁之将暮；
睹瓶中之冰，而知天下之寒。

大自然中看似微小的细节，却能从中窥见四季更替。电磁大数据中隐藏着目标的信息，只有抽丝剥茧，方能看清真面目。

《孙子兵法·用间篇》中写道："故明君贤将，所以动而胜人，成功出于众者，先知也。"在这里，孙武点出了战胜敌人的关键在于事先了解敌情。这一论断放到两千年后的今天也丝毫不显过时。对于电子战而言，了解敌情就是电子对抗侦察，即使用电子对抗侦察装备，截获敌方辐射的电磁信号，以获取敌方电子信息系统的技术特征参数，为电子干扰或电子防御作战决策和作战行动提供情报保障。

信息化时代，电磁波承载亿万信息，已成为人类生产生活的必需品，渗透至世界的每一个角落。在战场上，自然电磁现象、人为电磁辐射、敌我双方激烈对抗等综合作用而形成的电磁环境，呈现出信号密集、种类繁杂、对抗激烈、动态变化等复杂特性，构成了复杂电磁环境。同时，随着雷达、通信系统朝认知化方向发展，认知雷达和认知无线电逐渐具备根据干扰与环境的变化而自适应地改变发射波形的能力。这些变化给不具备认知能力的传统电子战技术带来了巨大的挑战，在处理效率和准确性方面无法满足作战要求，认知侦察的概念应势而生。

认知侦察利用自适应闭环反馈结构，结合智能算法，赋予传统电子对抗侦察认知能力，实现信号智能分选、参数精确测量和属性精准识别。

一、整理杂乱无章的电磁信号

现代电磁频谱的划分情况如表 3-1 所示。在常用的 0.5 兆赫兹到 40 千兆赫兹的频谱范围内，密集地分布着各种辐射源信号，包

表 3-1　电磁频谱划分情况

电磁波频段名称					$f=(3\times10^8 \text{m/s})/\lambda_0$	$\lambda_0=(3\times10^8 \text{m/s})/f$	典型应用
电波	无线电射频	特低频（ULF）	超长波		3 Hz～3 kHz	100 000～100 km	电工电力电子、耳机……
		甚低频（VLF）	甚长波		3～30 kHz	10～100 km	调幅广播、步话机、电磁炉、医疗……
		低频（LF）	长波		30～300 kHz	1～10 km	
		中频（MF）	中波		300 kHz～3 MHz	100～1 000 m	
		高频（HF）	短波		3～30 MHz	10～100 m	调幅与调频广播、电视……
		甚高频（VHF）	米波		30 MHz～1 GHz	0.3～10 m	
	微波	特高频（UHF）	分米波	L	1～2 GHz	15～30 cm（标称:22 cm）	移动通信、微波炉……
				S	2～4 GHz	7.5～15 cm（标称:10 cm）	
		超高频（SHF）	厘米波	C	4～8 GHz	3.75～7.5 cm（标称:5 cm）	卫星广播电视、通信、雷达、遥测遥控、遥感、电子侦察、医疗、检测……
				X	8～12 GHz	2.5～3.75 cm（标称:3 cm）	
				Ku	12～18 GHz	1.67～2.5 cm（标称:2 cm）	
				K	18～27 GHz	1.11～1.67 cm（标称:1.25 cm）	
				Ka	27～40 GHz	0.75～1.11 cm（标称:0.8 cm）	
		极高频（EHF）	毫米波	U	40～60 GHz	5～7.5 mm（标称:6 cm）	通信、雷达、检测、天文、医疗……
				V	60～80 GHz	3.75～5 mm（标称:4 mm）	
				W	80～150 GHz	2～3.75 mm（标称:3 mm）	
太赫兹波		近电波			0.15～3.0 THz	0.1～2 mm	成像、等离子体检测、环境监测、科研工具……
		近光波			$(1/100\sim1/50)\times300$ THz	50～100 μm	
光波	微米波	红外线	远红外		$(1/50\sim1/10.6)\times300$ THz	10.6～50 μm	制热、勘探、夜视……
			中红外		$(1/10.6\sim1/1.675)\times300$ THz	1.675～10.6 μm	激光加工、武器、医疗、光波炉……
			近红外	U 波段	$(1/1.675\sim1/1.625)\times300$ THz	1.625～1.675 μm	光纤通信传输、波分复用、放大、光无线通信、光检测、遥感……
				L 波段	$(1/1.625\sim1/1.566)\times300$ THz	1.566～1.625 μm	
				C 波段	$(1/1.566\sim1/1.53)\times300$ THz	1.53～1.566 μm	
				S 波段	$(1/1.53\sim1/1.46)\times300$ THz	1.46～1.53 μm	
				E 波段	$(1/1.46\sim1/1.36)\times300$ THz	1.36～1.46 μm	
				O 波段	$(1/1.36\sim1/1.26)\times300$ THz	1.26～1.36 μm	
			短波		$(1/.26\sim1/1.06)\times300$ THz	1.06～1.26 μm	激光医疗、美容、加工、测距、制导、检测……
					$(1/1.06\sim1/0.94)\times300$ THz	0.94～1.06 μm	
			超短波		$(1/0.94\sim1/0.85)\times300$ THz	0.85～0.94 μm	激光医疗、美容、测距、制导、检测……
					$(1/0.85\sim1/0.78)\times300$ THz	0.78～0.85 μm	
					$(1/0.78\sim1/0.73)\times300$ THz	0.73～0.78 μm	
	纳米波	可见白光	红光		$(1/0.73\sim1/0.66)\times300$ THz	660～730 nm	指示、显示、装饰、照明、生物光合作用、检测、光刻、打印、复印、扫描……
			橙光		$(1/0.66\sim1/0.60)\times300$ THz	600～660 nm	
			黄光		$(1/0.60\sim1/0.54)\times300$ THz	540～600 nm	
			绿光		$(1/0.54\sim1/0.50)\times300$ THz	500～540 nm	
			青光		$(1/0.50\sim1/0.46)\times300$ THz	460～500 nm	
			蓝光		$(1/0.46\sim1/0.44)\times300$ THz	440～460 nm	
			紫光		$(1/0.44\sim1/0.40)\times300$ THz	400～440 nm	
		紫外线	近紫外		$(1/0.40\sim1/0.20)\times300$ THz	200～400 nm	通信、消毒杀菌、显影、验钞、光刻、检测、探伤……
			中紫外		$(1/0.20\sim1/0.1)\times300$ THz	100～200 nm	
			远紫外		$(1/0.1\sim1/0.01)\times300$ THz	10～100 nm	
		X 射线			$(100\sim10\ 000)\times300$ THz	0.1～10 nm	体检、物质结构分析……
皮米波	特种辐射	γ 射线			$(10\ 000\sim1\ 000\ 000)\times300$ THz	1～100 pm	医疗、探伤、战略武器……
		高能辐射			$>300\ 000\ 000$ THz	<1 pm	加工物质、战略武器……

注：Hz：赫兹；kHz：千赫兹；MHz：兆赫兹；GHz：千兆赫兹 / 吉赫；THz：太赫兹；km：千米；m：米；cm：厘米；mm：毫米；nm：纳米；μm：微米；pm：皮米。

括通信、雷达、敌我识别、导航等。每一大类中又可以细分成各种不同类型、功能和体制的辐射源信号。例如在雷达中，远程警戒雷达集中在长波波段，跟踪和火控雷达集中在微波波段，制导雷达集中在毫米波波段。当然各种体制雷达的频段分布也不是绝对的，而是相互重叠交叉。

因此，电子侦察系统面临的是一个非常宽的电磁频谱，是多体制、高密度的辐射源信号聚集的电磁信号环境。

越南战争期间，美国军舰经常在靠近越南民主共和国的海岸线活动，轰炸海岸上的越南民主共和国目标。越南民主共和国的岸防炮兵偶尔也会做出回应，虽然他们没有对美舰构成太大的威胁，但是美军仍然担心苏联的反舰导弹运抵越南民主共和国带来形势变化。这是为什么呢？原来美舰上安装的有源防御系统是 ULQ-6，它是专门针对苏联 AS-1 反舰导弹系统设计的，对于新型的苏联反舰导弹却无能为力。当多枚反舰导弹同时袭来时，ULQ-6 就会将这些反舰导弹的雷达信号全部接收下来，再进行处理。但是受限于信号分选技术，ULQ-6 干扰机可能不会对任何一枚导弹产生干扰[1]。

那么，什么是信号分选呢？我们来看一个简单的例子。对于侦察接收机而言，假设在其频谱范围内接收到电磁信号如图 3-1（a）所示，包含有跳频信号（红色）、线性调频信号（紫色和蓝色）、连续定频信号（绿色）和脉冲定频信号（金黄色），这些信号在时域、频域、空域相互交叠，那么侦察接收机接收到这样的信号后，无法直接进行调制识别、解调解码等信号分析，而是需要首先进行如图 3-1（b）所示的信号分选处理，从接收的信号中分离出各个辐射源的信号，从而方便进行参数测量、个体识别等处理。

---

① 阿尔弗雷德·普赖斯. 2002. 美国电子战史第三卷：响彻盟军的滚滚雷声. 中国人民解放军总参谋部第四部，译. 北京：解放军出版社：149.

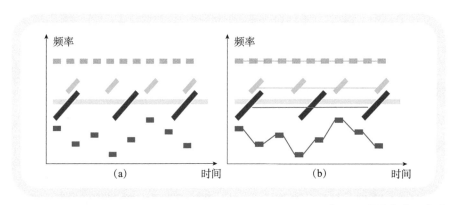

图 3-1　信号分选示意图

　　如何分选出这些在时频空多域交叠的信号呢？时间来到 2008年，杨小牛院士给出了这个问题的答案——盲源分离。他在软件无线电和认知无线电基本概念的基础上，提出了基于盲源分离的认知无线电——终极无线电的概念。盲源分离就是在只知道观察信号而不知道源信号及其他任何信息的前提下，对源信号进行分离的过程[①]。盲源分离的主要特点是需要采用天线阵进行阵列信号处理：在接收端，多阵列天线接收的信号通过发射和接收（transmitter/receiver，T/R）组件完成模拟下变频，然后送到多通道模-数转换器（analog to digital converter，ADC）进行采样数字化，并采用盲源分离技术对在频谱上重叠的信号进行分离，最后送到软件解调模块进行解调处理；在发射端，调制后的数字信号首先进行数字波束形成产生需发送的中频数字化信号，再经过数-模转换器（digital to analog converter，DAC）转变为模拟中频信号，最后通过上变频变换为射频信号。

---

　　① 杨小牛. 2008. 从软件无线电到认知无线电，走向终极无线电——无线通信发展展望. 中国电子科学研究院学报，3（1）：1-7.

二、剖析每一个电磁信号

　　任何无线电信号，都可以由时间、幅度、频率和空间四个参数完全确定。用时间、幅度及频率来描述信号，就是大家熟悉的用频率域上的频谱及时间域上的幅度时间函数来描述信号。用任何方式调制的已调制信号都可以用频谱及幅度时间函数（波形）来区分和识别。

　　1942 年 11 月，美国陆军航空兵的一架飞机对日军占领的基斯卡岛（Kiska Island）进行照相侦察后，发现日本在一座山顶上新建了两部雷达。为了弄清楚这两部雷达的参数，1943 年 3 月 6 日，美国陆军航空兵派出"搜索者"（Searcher）电子侦察机从阿达克岛（Adak Island）上的机场起飞实施侦察。很快，侦察接收机操作员便在 100 兆赫兹频点上检测到一部雷达的信号，并发现雷达天线正在旋转扫描。接着，又检测到第二部雷达的信号，两部雷达在频谱上非常接近。在进行精确的频率测量之后，侦察接收机操作员利用脉冲信号分析仪测量脉冲宽度和重复频率。最后，飞机在不同的高度围绕基斯卡岛飞行，测量这两部雷达的覆盖范围和天线方向图。3 月 7 日和 15 日，美军分别进行了第二次和第三次侦察行动，进一步确定了日军雷达的探测范围。侦察结束后，机组人员将绘制的雷达威力图呈交到第 11 航空队司令部。基于这些测量结果，航空队指挥官确定了攻击方案，并于 3 月 17 日实施了攻击，得益于前期有效的空中电子侦察行动，攻击行动取得了圆满成功①。

　　这次作战行动的成功，前期侦察获取的数据可以说厥功至伟。在当今以和平与发展为主题的时代，虽然大规模战争罕见，但是国

---

　　① 郭剑. 2007. 电子战行动 60 例. 北京: 解放军出版社: 54.

际形势错综复杂，敌对双方在无形的电磁空间展开了没有硝烟的战争，电子对抗也已经具有鲜明的大数据特征。

维克托·迈尔-舍恩伯格（Viktor Mayer-Schonberger）和肯尼斯·库克耶（Kenneth Cukier）合著的《大数据时代：生活、工作与思维的大变革》中提出，大数据具有"4V"特征，即规模性（volume）、高速性（velocity）、多样性（variety）和价值性（value）。电子对抗大数据的"4V"特征体现在以下四个方面。

（1）海量的侦察数据。随着电子技术的发展，电子信息系统的工作频带范围越来越宽，全谱信息感知需求不断增长，战场瞬时感知的频段不断加宽，侦察获取的数据量迅速增长。

（2）数据处理实时性要求高。战场态势瞬息万变，对海量数据的信息处理速度直接决定着决策周期的长短，影响着作战行动的成效，对数据处理的实时性要求与日俱增。

（3）复杂的信号类型。新体制的通信、雷达系统使得战场电磁信号越来越复杂、种类越来越多，加大了信号侦察和分析的难度。

（4）数据价值密度低但价值巨大。在采集的海量数据当中，包含有大量的自然信号，以及己方、友方和敌方的各种信号，需要在密集的信号中挖掘出很少但价值巨大的有用信息。[①]

数据、算力和算法是人工智能驱动的三大核心动力，电磁大数据无形中给认知侦察创造了条件。基于覆盖各种场景和工作模式的数据，经过大量的这种训练，神经网络能够从中总结出规律，得到一个表现良好的模型，精确地估计出每一个电磁信号的频率、时间、幅度和空间等参数。

---

① 季华益，唐莽，王琦. 2015. 基于大数据、云计算的信息对抗作战体系发展思考. 航天电子对抗，31（6）：1-4，11.

三、见微知著，见端知末

17世纪末，哲学家莱布尼茨（Leibniz）在普鲁士王宫中向贵族们宣传他的宇宙观时提出了一个著名的论断"世界上没有两片完全相同的树叶"。然而，许多人对他的这种说法表示怀疑。于是，有人请宫女到花园里去找两片完全相同的叶子，想要以此反驳莱布尼茨的论断。但是，经过一番寻找，他们发现每片叶子都有其独有的特点，大小、厚薄、颜色和形态都不尽相同。

这一结论可以推广到其他领域，如"世界上没有两个完全相同的指纹"。在电子战领域，则可以说"世界上没有两个完全相同的辐射源"。

由于元器件的非理想特性，即使是在同一生产线生产的同型号电磁辐射源也存在细微的差异，主要体现在晶体振荡器的稳定度、功率放大器的非线性、滤波器的频率响应等方面。这些细微差异最终反映在辐射源辐射的电磁信号中，使信号呈现出一种有规律可循的个体特征。即使这些辐射源的工作方式相同、传输信息也相同，侦察接收机接收到的不同辐射源的信号也会有细微差别，这些细微差别既无法消除也无法伪造。辐射源个体识别正是基于这些区别于其他个体的细微差别来判断接收信号所属的辐射源个体。如图3-2所示，在侦察接收机截获敌方辐射源信号后，通过挖掘信号内部的精细结构，提取能够反映辐射源个体差别的细微特征，利用高性能的分类器进行分类判决，从而实现对辐射源个体的识别。

基于辐射源识别，不仅能判断任务中目标的数量规模，还可以通过对目标的长期跟踪侦察，获得敌方的兵力部署、调动规律以及战场态势等重要的战术、战略情报。

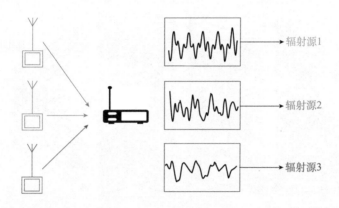

图 3-2　辐射源识别示意图

　　传统辐射源的识别流程如图 3-3 所示，首先提取辐射源信号的人为定义的特征，然后设计分类器进行分类识别。人为定义的特征依赖于专家经验，其对辐射源信号的表征能力存在一定的局限性，难以充分描述辐射源个体的差异信息。除此之外，提取得到的人工特征不可避免地受到工作模式、工作参数和电磁环境的影响，由此训练得到的分类器难以适用于不同的场景。

图 3-3　传统辐射源的识别流程

　　深度神经网络是机器学习领域的一种技术，如图 3-4 所示，深度神经网络在输入层和输出层之间有多个隐藏层（示意图中为 3 层）。每一层都有若干个神经元（图中的圆圈），神经元之间有连接权重（图中的线）。由此可知，深度神经网络具有极其多神经元及其连接的权重参数，因此具有强大的函数表达能力。

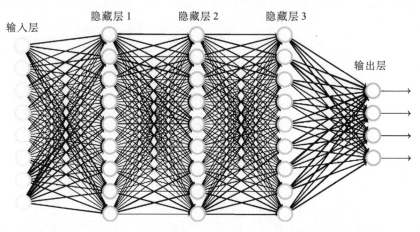

图 3-4　深度神经网络示意图

在训练数据充分的条件下，利用侦察到的辐射源信号和其对应的标签，深度神经网络能够从数据中学习到表征能力较强的特征，实现从辐射源信号到辐射源个体的映射（图 3-6）。可见，基于深度学习的辐射源识别避免了人工特征提取和分类器的设计，能够克服传统方法的局限性。

图 3-5　基于深度学习的辐射源识别流程

四、认知路上的障碍与破障车

电磁大数据给认知创造了条件，开辟了认知电子战的大道，但是这条道路并非畅通无阻，伴随而来的还有诸多障碍，增添了认知的难度。以认知雷达为例，这种雷达通常具有多种工作模式，可根据作战使命在不同工作模式间灵活转换，而且每种工作模式下又有多种工作状态，并可根据不同工作状态自动选择合适的工作波形。因此，未来雷达的工作波形将呈现多样化和快速捷变的特性，这给电子对抗侦察带来严重挑战。

（一）"我没见过你"

大数据是人工智能第三次浪潮的推进剂。然而，在电子战领域，难以获得真正的大数据。作为战争的关键因素，在平时的战备训练中，武器装备都留有一手。比如雷达的工作模式有平战之分，平时训练时可能采用较为简单的模式，战时则是采用另外一套体制甚至可能采用全新的体制。因此，基于平时侦察得到的大数据不能覆盖目标的所有工作模式和所有工作参数，这样的数据与战时数据不相同，并非真正的"真实数据"。这将导致基于平时长时间的侦察数据得到的模型性能大幅降低。那么，这是否意味着认知侦察就束手无策了呢？

答案当然是否定的。面对这种情况，可以进行迁移学习。迁移学习是一种在不同领域进行已有知识迁移的方法，可以使得一个领域中已有的知识得到充分的利用。也就是说，迁移学习可以从现有的数据中迁移知识，用来帮助将来的学习，目标是将从一个环境中学到的知识用来帮助新环境中的学习任务。

在经典的有监督学习场景中，如果为某个任务和某个域训练一个模型，我们需要有相同的任务和相同域下的有标注数据。如果没有足够多的有标记的数据集，传统的有监督的机器学习并不能产生良好的效果。在迁移学习中，涉及源域和目标域两个域，其中源域是指拥有大量标注的训练数据的域，目标域则仅有少量训练数据，其任务与源域不同但是相关。迁移学习就是将从源域学习到的知识用到目标域上。

如图 3-6 所示，左边的蓝色框与右边的红色框分别代表源域和目标域，方框内圆圈里的物体表示为同一类，同一形状的物体也为同一类。利用左边蓝色的数据集训练一个模型，并期望这个模型在具有相似任务和域的数据集上也有良好的效果；或者，利用该模型学习到的知识，基于目标域有限数据的实际对模型参数进行微调，使得调整后的模型能够在目标域上取得良好的效果（图中利用源域训练的模型，使目标域内的物体也得到了很好的聚类）。可见，迁移学习利用从源域学习到的知识降低了对目标域数据的要求，从而适应战场辐射源不同使用场景、不同使用模式的实际条件。

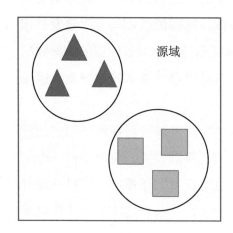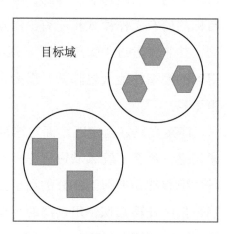

图 3-6　源域与目标域示意

（二）幸存者偏差

第二次世界大战期间，美军邀请哥伦比亚大学统计学家亚伯拉罕·沃尔德（Abraham Wald）教授对联军返航的轰炸机数据进行分析以加强防护。沃尔德教授研究后发现：机翼是最容易被击中的位置，机尾则是最少被击中的位置，如图 3-7 所示。于是，军方认为

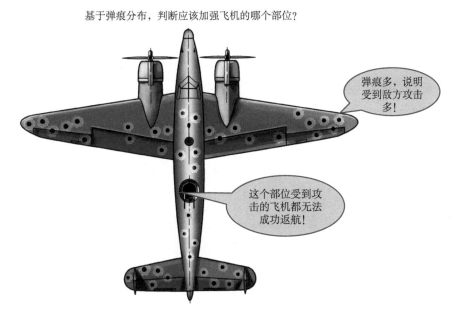

图 3-7 幸存者偏差

应该加强机翼防护。沃尔德教授则指出，现在统计的样本只包括平安返航的轰炸机，它们多数机翼中弹，说明即使机翼中弹，飞机也有很大的概率能够成功返航。机尾并非不易被击中，当机尾中弹的时候，飞机连返航的机会都没有，所以需要加固机尾。军方最终采纳了沃尔德教授的建议，后经证实该决策是正确的。这个故事被概括为"幸存者偏差"。

"幸存者偏差"的本质是样本数据不均衡。在电子对抗领域，我们也很容易陷入"幸存者偏差"的误区。以辐射源识别为例，假设存在 A 和 B 两个辐射源个体，A 的样本数量为 9900 个，B 的样本数量为 100 个。可以想象基于这样的数据训练得到的神经网络很有可能将这 10 000 个样本全部识别为 A，识别率依然高达 99%。然而如果战时实际面对的 A 或 B 机会相等，那么识别率则降低到只有 50%。

直播卫星数字电视标准 DVB-S2[①] 中采用了一种自适应编码调制的技术方案，其调制和编码方式可随信道好坏灵活组合运用，比如 8PSK+16APSK[②] 的组合。实际应用时，这种调制方式组合大多数情况下为 8PSK，极少数情况下采用 16APSK，侦察系统在采集信号时较难采集到 16APSK 的数据，很可能做出仅有 8PSK 一种调制模式的判断。

对于这种情况，认知电子战可以通过集成学习的方法来处理。集成学习通过构建并结合多个学习器来完成学习任务，即先产生一组学习器，然后再用某种策略将它们结合起来。集成学习的一种做法是对训练样本进行采样，产生若干个不同的训练子集，再从每个训练子集训练一个学习器。[③]

（三）虽千万人，吾往矣

纳卡冲突

纳卡冲突指第二次纳卡战争，相对于第一次纳卡战争而言。首次纳卡战争发生于 1992 年，第二次纳卡战争则指 2020 年 9 月底爆发的持续近六周的战争[④]。

2020 年纳卡冲突最大的特征是无人机积极参与了作战行动，因此被称为一场无人机战争。由于阿塞拜疆和亚美尼亚在无人机装备上的不对等，阿塞拜疆军队享有很大的战术优势，甚至直

---

① DVB-S2，即 digital video broadcasting–satellite second generation，卫星数字化视频广播第二代标准。

② 8PSK+16APSK，即八进制相移键控（8-ary phase shift keying）、十六进制振幅移相键控（16-ary amplitude and phase shift keying）。

③ 周志华. 2016. 机器学习. 北京：清华大学出版社：178.

④ 杜燕波. 2021. 第二次纳卡战争警示录. 国防时报，2021-11-22：18 版.

接影响到战斗的进程。阿塞拜疆的空军和陆军航空兵在战前拥有足够庞大且先进的无人机机队，拥有数十架 TB-2 察打一体无人机和 50～100 架"哈洛普"（Harop）无人机。阿塞拜疆使用侦察无人机对目标进行侦察和识别，然后引导自杀无人机或察打一体无人机实施精准攻击。

无人机作战具有多种优势，不仅可以减少作战人员伤亡，而且可以大大节省资金，如 TB-2 无人机售价仅 50 万美元左右，而一枚导弹的成本则高达上百万美元。除此之外，无人机可通过重新配置，重复执行高密度的作战任务。目前，无人机正在与电子战深度融合，美国、俄罗斯、以色列等已经开发出若干电子战无人机，丰富了电子战的作战样式，提升了电子战的作战效能。美军正在研制"沉默乌鸦"（Silent CROW）电子战吊舱，计划搭载于 MQ-1C "灰鹰"（Gray Eagle）无人机，以进一步发展无人机电子战能力。俄罗斯的"里尔-3"（Leer-3）无人机电子战系统包括 3 架"海雕-10"（Orlan-10）无人机，其中一架执行侦察任务，一架执行干扰或监听任务，一架则负责向指挥中心传递情报。以色列对"赫尔墨斯"（Hermes）无人机进行改造，加装了 Skyfix 通信情报 / 测向和 Skyjam 通信干扰载荷，可执行对地辐射源的侦察、分析等任务。"苍鹭"（Heron）无人机能够对电磁信号进行截获、参数测量、定位、分析、分类和监视。综合来看，电子战无人机不仅可以执行传统的电子侦察任务，而且开发了抵近干扰、充当诱饵等新的作战样式。

近几年，一些军事强国进一步探索无人机作战应用方式，进行了无人机"集群"战术演练，引发全世界的广泛关注，表明现代电子对抗从传统的点对点对抗升级为集群之间的对抗。无人机集群集渗透侦察、诱骗干扰、察打一体、协同作战、集群攻击等能力于一身。美国海军的模拟实验表明，即使是最先进的防御系统——"宙斯盾"作战系统（Aegis Combat System），在面临无人机集群攻击时往往也显得力不从心，难以拦截所有的无人机。无人机集群表现出的这种作战优势促使人们将这种模式拓展到了其他武器，催生了无人车集群、无人艇集群等多种形态。

　　未来，电子战需要侦察和干扰敌方的组网雷达、认知无线自组网系统等类型多、体制多、数量多的目标，智能化分布式协同作战势必将成为未来电子对抗行动中行之有效的作战模式。在这种模式下，不再是由多用途、高价值的武器装备平台独立完成作战任务，而是通过将价格高昂的武器系统功能在全域内分解部署到多种异构的小型、低成本的有人或无人作战平台上，实现多个平台间的自主协同与智能决策，以网络化、体系化的形式共同完成作战任务。

第四章

打造电子战的
AlphaGo

治国之有法，犹治病之有方也，病变则方亦变。

世界上唯一不变的就是变化本身。从传统电子干扰到认知干扰就是一条起点是以不变应万变、终点是以万变应万变的发展之路。

《孙子兵法·谋攻篇》中说"上兵伐谋，其次伐交，其次伐兵，其下攻城"，孙武认为最优的战争手段是以谋略取胜。电子战是一个不断博弈的过程，但是从逻辑上讲，电子战的发展节奏永远落后于对抗目标的发展节奏。值得庆幸的是，认知电子战概念的提出，拉近了对抗方和对抗目标在博弈能力上的差距。

2016 年，"阿尔法"（AlphaGo）围棋凭借"谋略"以 4：1 的成绩击败世界围棋冠军李世石，给围棋界带来了巨大的震动，深刻影响和改变着围棋界。后来，这种影响逐步扩大到社会生活的方方面面。其实，早在 2008 年，美国就意识到认知技术给电子战带来的机遇和挑战，认知电子战作为未来战场的电磁利剑，敌对双方比拼的更多的是"智慧"。未来的智能化战争召唤 AlphaGo 一样的电子战系统。

电子战 AlphaGo 的"智慧"包括以下几类：一是针对目标的多种工作模式进行自适应干扰模式决策；二是针对目标的未知工作模式进行干扰波形的优化；三是在多对多场景下进行干扰资源的自适应优化。

一、敌变我变，招招制敌

中国有句古话"一招鲜，吃遍天"，原意是指一个厨师有一道招牌的菜肴，走到哪里都会有人来吃。后来引申为一个人只要有一手绝活，无论走到哪里都很吃香。武侠小说中的武林高手，凭借其掌握的一门绝技行走江湖，行侠仗义。

　　由于对手的不确定性，电子战领域的"一手绝活"却不足以应对众多"高手"。一种通信技术出现，必然就会有相应的干扰技术接踵而至。作为矛盾的两个方面，干扰与抗干扰技术相互促进、共同发展。

　　1904 年，日俄战争中俄军报务员"无意"中成功干扰日军无线电信号，迫使日军退出战斗，此次"无意"的动作标志着干扰技术的诞生。此后，人们开始"有意"地关注干扰与抗干扰技术。这一时期的无线电设备大都工作在一个固定的频率或者范围很小的频段上，只要能够侦察到无线电设备的工作频率，干扰的实施就相对容易，这给无线电通信带来了极大挑战。

　　为了对抗干扰，跳频通信技术应运而生。好莱坞演员海蒂·拉玛（Hedy Lamarr）和钢琴作曲家乔治·安太尔（George Antheil）受自动钢琴的启发，提出了不断更换无线电频率来躲避干扰的跳频技术（图 4-1），于 1942 年申请到美国的专利。然而，美国军方当时没有意识到该技术的重要性，并未在第二次世界大战中使用跳频技术，直到 20 世纪 50 年代中后期才将其应用于飞机和声呐浮标设备之间的通信。跳频通信采用"游击战"战术，收发双方在不同的时间选择不同的频率进行通信，精髓是选择合适的通信频率，快速进行通信，然后迅速更换至约定的下一频率，再次接续通信，直至通信任务完成。随着研究的深入，跳频速率越来越高，当跳频速率足够高时，干扰便望尘莫及。Link-16 是美国和北约的主要战术数据链，跳频速率最高可达 76 923 次 / 秒，每个频点上的驻留时间只有 13 微秒，在这么短的时间内完成信号截获、分析，再启动干扰几乎是不可能的，由此可见其强大的抗干扰能力。

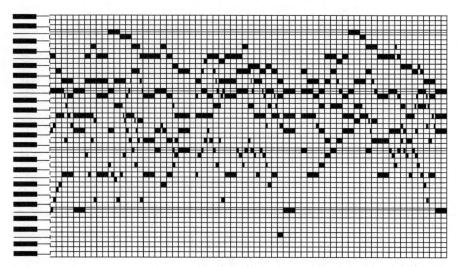

图 4-1　自动钢琴演奏原理

数　据　链

数据链是一种按照规定的消息格式和通信协议实时传送格式化消息的战术无线通信系统。它将指挥控制系统、侦察预警系统和武器平台连接成一体化网络，共享各类信息资源，能起到"兵力倍增器"的作用。

本质上，通信对抗是双方利用电磁波在时间、空间、频率和功率四个维度上进行的较量。除跳频技术以外，随着信息技术的进一步发展，在相互角力的过程中，通信技术和通信干扰技术家族成员都得到了不断扩充。在通信技术大家庭里，扩频技术、跳扩频技术、多输入多输出技术、网络化智能化组网技术等陆续出现。作为主动方的通信暂时处于优势地位，但是通信干扰技术也并不是毫无作为，其家族不断发展壮大，出现了欺骗式干扰、灵巧式干扰、多目标干扰等新的成员。

对于同一种通信体制，采用不同的干扰样式所得到的干扰效果通常是不同的，甚至会相差很大。最佳干扰样式是指在相同的干扰功率情况下，对某种通信体制实施干扰时干扰效果最佳的干扰样式。

现如今，电子战面临的对手往往具有多种工作模式和工作参数，在对抗过程中可以根据需要快速切换不同的工作模式。传统的电子战系统只能依据固化的知识库中的规则、策略进行对抗，面临威胁时，首先将敌方信号特征与知识库进行匹配，匹配成功的话，则选择预先设定的策略和参数实施干扰。从本质上讲，传统电子战是针对特定的目标，研究对应的干扰策略和干扰波形，形成一个电子战作战的"剧本"。因此，这限制了其快速适应和响应新的威胁的能力。以往的干扰经验在面对新的作战环境、干扰目标、干扰需求时参考意义有限，借鉴不当甚至会误导干扰策略的选择。在敌方变化到未知工作模式时，往往"囊中羞涩"，无计可施。

常言道"一物降一物"，宇宙万物相生相克，生生不息，有一种事物，就存在另一种事物能制服它。尽管现在敌方的辐射源采用软件无线电技术能够产生不同的波形，利用信号特性来规避干扰，但是都能找到相应的对抗策略。当然，如果仅仅依靠人工，这个过程将是极其漫长的，代价也是非常巨大的，而且难以穷尽敌方的工作模式。随着人工智能和认知技术的突破，认知电子战为干扰决策的发展带来了曙光。与传统电子战类似，认知电子战根据理论分析，建立典型辐射源信号和最佳干扰样式的动态知识库。当面对不断出现的新威胁时，认知电子战以一种"智能"的方式，自适应地感知当前的电磁环境，并能够在短时间内制定与之相契合的干扰策略进行干扰，建立对抗目标多种工作模式与最佳干扰样式的——对应关系，同时动态更新知识库，实现对目标的认知干扰。

认知干扰的核心思想在于：在对敌方通信进行干扰时，摆脱了传统由操作员对干扰机参数进行人工设置的约束，而是由侦察设备自主地对战场实时态势进行感知、测量和评估。如果敌方信号在动态知识库中出现过，那么认知电子战系统将采取知识库中与之相匹配的干扰策略进行干扰，并根据干扰效果对干扰策略进行优化。对于首次出现的信号，则需要认知电子战系统通过学习和推理，采用案例重用、案例修改等方法，自主生成相匹配的干扰策略。通过对干扰效果的在线实时评估，不断优化干扰策略。

那么如何实现认知干扰呢？我们可以借助强化学习。强化学习是机器学习的一个重要研究领域，通过主体与环境的多次交互得到反馈信息，然后学习到一个策略，使用这个策略将会得到最大的收益。这与干扰策略的优化是一致的，我们期望干扰机通过与干扰目标的交互优化得到最佳的干扰模式，获得最优的干扰效果。

在电子对抗领域，干扰方有很多备选的干扰策略可以选择。由于干扰实施前并不知道哪种策略的干扰效果最好，干扰机工作时就需要在多个备选策略中快速选择出最优干扰策略来实施干扰。因此，干扰策略的优化也是一个"探索"和"利用"的问题。[①]

如图 4-2 所示，认知电子战系统利用强化学习，通过试错的方式与环境进行交互，并从获得的反馈信息中判断当前策略的干扰效果，进而决定下一步干扰策略。由于策略的学习过程是在环境交互过程中进行的，因此最终能够学习得到与外界环境相契合的干扰策略，实现有效、可靠的干扰，并将学习到的干扰策略更新到动态知识库中，丰富干扰策略。

---

① 颛孙少帅. 2019. 基于强化学习理论的通信干扰策略学习方法研究. 长沙: 国防科技大学博士学位论文.

图 4-2　干扰策略优化

二、放长线，钓大鱼

《道德经·将欲歙之，必固张之》中写道："将欲歙之，必固张之；将欲弱之，必固强之；将欲废之，必固兴之；将欲取之，必固与之。"这句话的意思是：想要收敛它，必先扩张它；想要削弱它，必先加强它；想要废去它，必先抬举它；想要夺取它，必先给予它。老子的这句话体现出卓越的辩证思想，蕴含的是放长线钓大鱼的计谋。

1941 年 3 月，德国沙恩霍斯特号、格奈森诺号巡洋舰结束任务，驶进法国布雷斯特（Brest）海军基地进行休整。两个月后，欧根亲王号重型巡洋舰与它们会合。休整期间，德国舰队被英国空军侦察机发现，随后便遭到轮番轰炸。为了生存，德国舰队决定突围。

布雷斯特港地处英吉利海峡西端，德国舰队要突围回国必须经过狭长的英吉利海峡。英国在海峡沿岸部署的"本土链"（Chain Home）雷达网全天候全天时监视着海峡水面和上空，突围的难度不言而喻，为此，德军制定了周密细致的突围计划。

德国依靠在法国北海岸建立的电子侦察站掌握了英国雷达的性能参数和配置情况，据此针对性地设计和制造了干扰机，并在法国北海岸部署了与英国雷达数量相同的干扰机，以一部干扰机对付一部雷达。为了不使英国发现干扰,德国采取了欺骗措施:在突围之前两个月,就开始有计划地施放干扰。开始时,干扰仅持续几分钟,之后逐渐增加干扰时间,让英国误以为是气象条件变化所引起的不可避免的现象,从而放松警惕。

在其他舰艇的掩护下,德军的 3 艘巡洋舰于 1942 年 2 月 11 日深夜起航,借助迷雾的掩护,利用涨潮的有利时机,贴着法国海岸行驶,尽可能远离英国的"本土链"雷达。整个舰队保持严格的无线电静默,仅用特殊的红外信号灯进行通信,整夜保持全速前进。

1942 年 2 月 12 日凌晨,两架装有干扰机的德国亨克尔 Ⅲ 型飞机,按照预定方案对英国的"本土链"雷达实施干扰,以掩护为突围舰队护航的大型空中飞机编队。9 时,部署在法国北海岸的地面干扰机全部调到英国雷达工作频率上施放干扰,取得了满意的欺骗干扰效果,英国雷达有的被迫关机,有的试图改变工作频率躲避干扰,但都无济于事。年轻的英国雷达操作员由于经验不足,误认为荧光屏上的干扰杂波是设备故障或是气象干扰,没有发现是德国的干扰。

直到德舰行驶约 10 个小时后,英军才发现了德军的突围舰队。可是直到 11 时 30 分,英国空军和海军司令部才得到德国舰队突围的情报,但为时已晚。2 月 13 日中午,德军突围舰队胜利返回德国预定港口。[①]

德军周密计划、科学设计干扰策略,使得舰队成功突围英吉利海峡。无独有偶,约 50 年后的第一次车臣战争中,俄军也从长远考虑,实现了对非法武装首领杜达耶夫的"斩首"。

1991 年 9 月,苏联空军少将、车臣人杜达耶夫领导的武装力量

---

① 郭剑. 2006. 电子战行动 60 例. 北京: 解放军出版社: 20-24.

推翻了当地政府组织，建立国中之国，对抗俄罗斯中央。在长时间以和平方式解决无果的情况下，俄罗斯当局为维护国家统一和领土完整，于 1994 年 12 月出兵车臣，即第一次车臣战争。这场内战持续了 20 个月之久，最终以车臣首领杜达耶夫被击毙而告终。

战争爆发后，俄军一直在搜捕杜达耶夫。经过一段时间的跟踪监视，俄军发现杜达耶夫常用卫星电话与外界联系。为此，俄军派出地面电子侦察部队和配备有电子侦察设备的"伊尔-76"（Ilyushin IL-76）运输机日夜监视车臣南部地区。由于俄军已经掌握了杜达耶夫的电话频率，"伊尔-76"可在几秒内发现通联中的卫星无线电话，经 3 次测向定位即可确定电话的位置，误差仅有几米。

1996 年 4 月 21 日夜间，杜达耶夫偕妻子到野外打电话。他先和"自由"电台通话，没有发现俄军动静，就放心地与居住在莫斯科的俄罗斯国家杜马前议长哈兹布拉托夫通电话。刚讲了没几句，突然，巨浪从他身后袭来，两枚 DAB-1200 反辐射导弹呼啸而至，冲击波将杜达耶夫的妻子掀翻在地，而他本人也被弹片击中，当场毙命。

原来，俄军在杜达耶夫同"自由"电台通话时就已经发现了他。为确保万无一失，俄军欲擒故纵，没有打草惊蛇，而是继续密切地监视电话频率。当那个电磁信号再次出现时，俄军毫不犹豫，向电磁信号所在位置发射了两枚导弹，完成了对杜达耶夫的"定点清除"。[①]

未来的战场上，随着智能化装备的大量应用，再加上作战人员的操作控制，敌对双方将会使用更多的计谋，以最小代价达成己方的作战目的。电子战领域也不例外，将会出现各式各样的欺骗，战场上虚虚实实、真真假假，因此，在实际交战过程中，获取敌方真

---

① 郭剑. 2006. 电子战行动 60 例. 北京: 解放军出版社: 211-213.

实准确的状态将会更加困难。届时，干扰策略的优化是一个长期过程，关键是要在博弈的过程中实现对欺骗的认知。

三、在博弈中求进步

AlphaGo 通过学习人类围棋高手的数百万棋谱，进行了自我训练，凭借强大的学习能力和计算能力战胜人类顶尖棋手。自此之后，人工智能以一种前所未有的方式冲击并影响着围棋界的方方面面，并逐步渗透到社会生活的多个领域。

2016 年末到 2017 年初，AlphaGo 的升级版在弈城围棋网和野狐围棋网上注册"Master"账号，与来自中国、日本、韩国的数十位顶尖棋手进行快棋对决，屡战屡胜，取得 60 胜 0 负的骄人战绩。

2017 年 10 月 18 日，DeepMind 公司推出了 AlphaGo 的最强版 AlphaGo Zero。与 AlphaGo 相比，AlphaGo Zero 的秘籍是"自学成才"，其除了基本规则之外对围棋游戏一无所知。从零开始，通过自我对弈积累数据、训练神经网络。经过短短三天的自我训练，便强势击败 AlphaGo 李世石版。

2017 年 12 月 5 日，AlphaGo Zero 进一步升级为 AlphaZero。AlphaZero 不仅玩围棋，还玩起了国际象棋和将棋，在三天内自学了这三种棋类游戏。

2019 年初，DeepMind 公司强势推出了又一个突破性成果 MuZero。MuZero 无须预先了解游戏规则，仅靠自我博弈，便能掌握围棋、国际象棋和将棋等棋类游戏，并达到了与提供规则的 AlphaGo 一样的超人水平。除此之外，MuZero 还玩起了雅达利（Atari）视频游戏，在杂乱感知输入环境中，达到了可与人类匹敌的水平。研究人员称 MuZero "在追求通用算法方面迈出了重要一步"①。DeepMind公司总工程师大卫·席尔瓦（David Silver）夸赞 MuZero 可以从零开始，仅通过反复试验就可以发现世界规则，并使用这些规则来实现某种超人的表现。

DeepMind 公司的相关人工智能发展历程如图 4-3 所示。

图 4-3　DeepMind 公司相关人工智能发展历程

　① 科技日报. 2020. 无需告知规则 MuZero 算法自学成"棋"才. 科技日报, 2020-12-30：2 版.

　　如今，人工智能已成为职业棋手训练中不可或缺的帮手，他们在对局结束后，第一时间利用人工智能对棋谱进行复盘，通过学习人工智能的招法来增进棋艺。2018 年 4 月 23 日，两次获人工智能世界冠军的围棋人工智能"绝艺"（Fine Art）与中国围棋队结为合作伙伴，并于 2020 年 4 月 23 日完成续约，未来三年将继续作为中国围棋队训练专用人工智能软件，担任教练、陪练、老师和朋友等角色，通过对弈、复盘、拆解、分析等多个维度，助力中国围棋领跑世界。[①]

　　目前，人工智能已经跳出围棋这个小圈子，进入更广阔的战场空间，融入作战装备，帮助提高作战武器的性能，深刻改变着战场态势。美国空军负责采购、技术和后勤的助理部长威尔·罗珀（Will Roper）博士向《大众机械报》（*Popular Mechanics*）透露，人工智能控制的战机已经上天了。原来，美国空军 U-2 联邦实验室基于 MuZero 算法，构建了 ARTUμ 的人工智能算法并应用于军事领域，使其能够操控 U-2 侦察机。2020 年 12 月 15 日，美国空军在加利福尼亚州比勒空军基地进行了人工智能型 U-2 侦察机的飞行试验，让飞行员和 ARTUμ 协作完成侦察任务。试验中，ARTUμ 负责搜寻敌方的导弹发射装置，飞行员则负责搜寻威胁性飞机，两者共用 U-2 侦察机的机载雷达，这是人工智能首次控制美国军用系统。威尔·罗珀博士评价说"算法战的时代已经开启"[②]。

　　2020 年 8 月 18～20 日，美国国防部高级研究计划局举办了一次模拟的人机空战。这次空战是美国国防部高级研究计划局空战演变（Air Combat Evolution）计划的高潮。当时，美国国防合约商

---

　　① 中国体育报. 2020. 围棋人工智能继续任国家队陪练. 中国体育报，2020-04-23：03 版.

　　② 耿海军. 2022. 计算力决定战斗力. 光明日报. 2022-06-26：07 版.

苍鹭系统（Heron Systems）公司研发的"猎鹰"（Falcon）代表 AI 出战，美国空军派出一名代号为"班格"（Banger）的 F-16 王牌飞行员。班格是一名经验丰富，驾驶 F-16 超 2000 个小时的飞行员。他戴着虚拟现实（VR）头盔与"猎鹰"展开空战对决，最终班格以 0∶5 惨败给"猎鹰"。赛后，班格坦言，自己在战斗中感受到算法的恐怖和压力，AI 不仅飞行更精确，而且反应更快，执行相同的战术 OODA 循环更快，在战斗中表现得无懈可击。究其原因，如苍鹭系统公司表示，通过无数次模拟训练，"猎鹰"已经积累了相当于一名人类飞行员 30 年的战斗经验。

算法战的威力在此后的纳卡冲突中再露锋芒。2020 年 9 月 27 日，纳卡地区烽烟再起，阿塞拜疆和亚美尼亚爆发新一轮大规模武装冲突，并迅速升级为两国自 1994 年纳卡战争以来规模最大、交火最为激烈的军事对抗行动[①]。在此次冲突中，双方均动用了包括坦克、装甲车、重型火炮、远程火箭炮乃至战术导弹在内的重型武器展开交战。除此之外，两国还使用了无人机等新型装备参战，尤其是阿塞拜疆投入了数量庞大、不同型号的无人机。从公开的视频来看，亚美尼亚在地面作战中占有一定优势，阿塞拜疆则在空中优势明显。有媒体总结称，此次冲突不会有真正的赢家，2020 年 11 月 13 日，普京（Putin）称此次冲突共造成包括平民在内的 4000 余人死亡、8000 余人受伤，数万人流离失所[②]。或许唯一的赢家是大放异彩的"无人机"。

2020 年 12 月，以色列贝京-萨达特战略研究中心（Begin-Sadat

[①] 央视网. 2020. 无人机：场上的"冷血杀手". https://tv.cctv.com/2020/10/31/VIDE3cYvl0h13XNItEWzjveN201031.shtml[2023-05-01].

[②] 新华社. 2020. 纳卡冲突已造成 4000 余人死亡. https://baijiahao.baidu.com/s?id=1683414551928060995&wfr=spider&for=pc[2023-05-01].

Center for Strategic Studies）发布了题为"第二次纳卡战争：军事上的里程碑"（The Second Nagorno-Karabakh War: A Milestone in Military Affairs）的研究报告。该报告认为，阿塞拜疆的无人机取得重大胜利的秘诀很可能是使用电子战导致亚美尼亚的雷达盲视。据悉，亚美尼亚部署了价值 4200 万美元的俄制"驱虫剂-1"（Repellent-1）反无人机电子战系统。2020 年 12 月 8 日，亚美尼亚总理尼科尔·帕希尼扬（Nikol Pashinyan）在全国电视讲话中直言"俄制电子战系统没有发挥作用，天空并没有关闭"。与此同时，阿塞拜疆则声称"克拉苏哈-4"（Krasuha-4）电子战系统（图 4-4）有效作用时间只有三四天，采用机器学习对 TB-2 察打一体无人机升级之后，就能够对抗该系统了。图 4-5 所示为 TB-2 察打一体无人机，它是在同反无人机的电子战系统的博弈中来提高自身的生存能力的。这也正是认知电子战区别于传统电子战的地方，它能够通过与作战对象的博弈及时调整己方的应对策略，从而掌握主动权。

四、战场没有游戏规则

现如今，人工智能飞速发展，不少业界人士认为人工智能已成为新一轮产业变革的核心驱动力和经济发展的新引擎[①]。殊不知，自 1956 年诞生以来，人工智能便经历了诸多波折，其发展史上经历了著名的三盘棋——西洋跳棋、国际象棋和围棋（图 4-6）。

1952 年，IBM 公司的阿瑟·塞缪尔（Arthur Samuel）开发了西洋跳棋 AI 程序，并于 1962 年 6 月 12 日在 IBM 7090 晶体管计算机上（内存仅 32 千字节）击败了当时全美排名第四的西洋棋手罗

---

① 国务院. 2017. 国务院关于印发新一代人工智能发展规划的通知. http://www.gov.cn/zhengce/content/2017-07/20/content_5211996.htm[2023-05-01].

图 4-4 "克拉苏哈-4"电子战系统

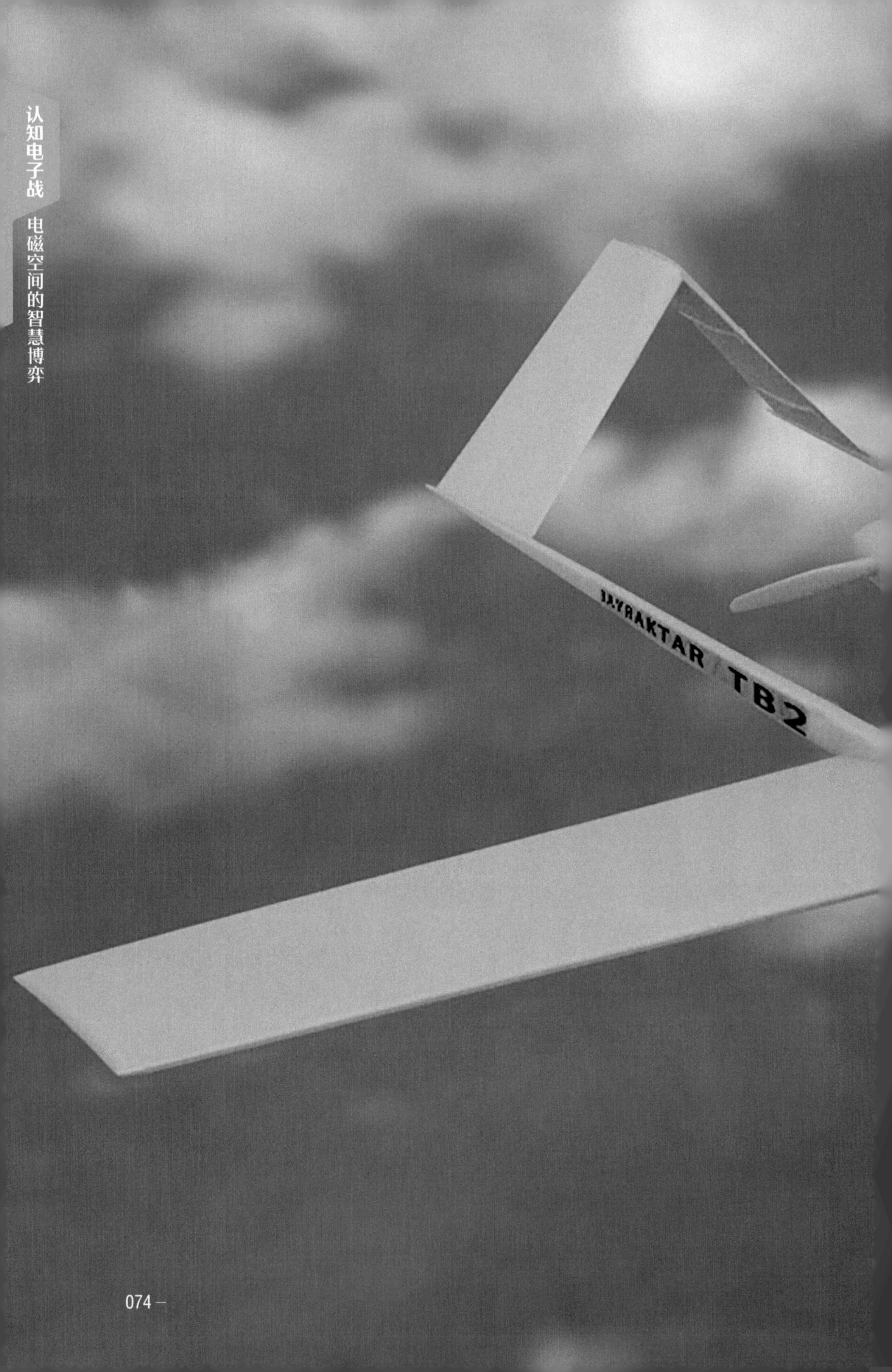
BAYRAKTAR TB2

图 4-5　TB-2 察打一体无人机

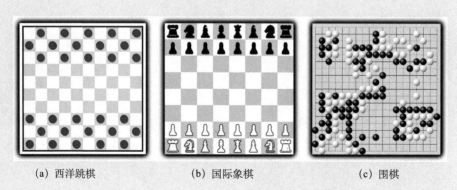

(a) 西洋跳棋   (b) 国际象棋   (c) 围棋

图 4-6 西洋跳棋、国际象棋和围棋

伯特·尼雷（Robert Nealey），引起了轰动。这盘棋挽狂澜于既倒，扶大厦之将倾，将 AI 从谷底拉起，使得 AI 名声大振，也让更多 AI 研究者获得了支持。塞缪尔在研究西洋跳棋 AI 程序的过程中提出了"机器学习"的概念，将其定义为"不显式编程地赋予计算机能力的研究领域"，因此塞缪尔被称为"机器学习之父"[①]。

35 年之后的 1997 年，同样是 IBM 公司开发的超级计算机"深蓝"（Deep Blue）以 3.5∶2.5（2 胜 1 负 3 平）战胜了"棋王"加里·卡斯帕罗夫（Garry Kasparov）。这场人机大战让 AI 家喻户晓，成为人工智能发展史上的又一个里程碑事件。"深蓝"可以预测到 12 步之后，而卡斯帕罗夫只能预测到 10 步之后，凭借快速而复杂的运算，"深蓝"赢得了国际象棋世界第一的位置。

时间来到了 2016 年 3 月，谷歌（Google）AlphaGo 以 4∶1 的总比分战胜世界围棋冠军、职业九段棋手李世石。这场人机大战可谓是在正确的时间引爆了 AI，使 AI 的冲击波激烈又持续地影响着人类的生产生活。

尽管人工智能在这三盘棋上已经完胜人类，但需要注意的是，

---

① 周志华. 2016. 机器学习. 北京: 清华大学出版社: 22.

这三盘棋的游戏规则简单明了，比赛双方的所有信息都呈现在棋盘上，输赢也都在棋盘上，都属于完全信息博弈游戏，非常适合计算机求解。完全信息博弈游戏是指游戏的每一个参与者都拥有其他参与者的特征、策略及得益函数等方面准确信息的博弈。理论上，人工智能在完全信息博弈游戏下战胜人类只是一个时间问题，只要算力和算法满足要求，人工智能就能够超越人类的对弈水平。

　　然而在三盘棋之外的现实世界中，却充满了不确定因素。在人类生活的方方面面，遇到的更多是不完全信息博弈场景，参与者并不完全清楚有关博弈的一些信息。比如，我们常玩的扑克牌游戏，你并不知道其他玩家手里的牌是什么，只能依据对其他玩家手中牌的大概估计决定自己的出牌。目前来看，在不完全信息博弈场景下，人工智能还不够强大，面临着很多困难。旷视科技首席科学家孙剑在评论 AlphaGo Zero 时曾表示："强化学习就算可以扩展很多别的领域，用到真实世界中也没有那么容易。比如说强化学习可以用来研究新药品，新药品很多内部的结构需要通过搜索，搜索完以后制成药，再到真正怎么去检验这个药有效，这个闭环代价非常昂贵，非常慢，你很难像下围棋这么简单做出来。"[①]

　　《孙子兵法·计篇》中说"兵者，诡道也"，强调用兵之道在于千变万化，出其不意攻其不备。战场没有如三盘棋一样明确的规则，简单来说，战场上的规则就是要以胜利为目的，根据战场态势随机应变，做出下一步的决策和行动。战争即典型的不完全信息博弈，电子对抗作为交战双方在电磁空间的作战行动，亦继承了战争所具有的不完全信息博弈属性。

① 极客公园. 2017. AlphaZero 完爆棋类游戏 AI，它的价值大不大?. https://baijiahao.baidu.com/s?id=1586131746031034923&wfr=spider&for=pc[2023-05-01].

在认知电子战中，我们希望借助人工智能实时感知变化的电磁环境，并制定出与之相契合的干扰策略，实现有效干扰。然而再厉害的"神探手"也难以画出敌方的完整精确"肖像"，侦察到的仅仅是敌方的部分信息，目前多集中于信号层面，难以深入链路层和网络层。对于侦察到的信号，其基本参数、特征、属性和状态都不可避免地存在或大或小的误差。干扰策略的优化也依赖于侦察得到的信息，战场反馈亦不易获取。

随着战争形态逐步由信息化向智能化转变，敌我双方的作战装备逐渐更新换代为智能化作战装备，更像是战场上起了一场迷雾，信号变幻莫测，作战手段难以捉摸，侦察难、决策难，干扰成功则是难上加难。

面向未来，依然要坚持电子对抗制胜之道。一方面，要利用电子侦察设备对目标进行长期侦察，从诺曼底登陆到贝卡谷地之战再到海湾战争，电子战的成功无不是建立在出色的电子对抗侦察的基础之上。智能时代，数据为王，长期的电子侦察就是在一点点雕琢这个璀璨的"王冠"。另一方面，要综合利用其他手段多管齐下，如采用多源信息融合技术，将各种不同的数据信息进行综合，吸取不同数据源的特点，然后从中提取出统一的且比单一数据更好、更丰富的信息，驱散战场迷雾。

信 息 融 合

信息融合是一门高度交叉的学科，目前被最广泛接受的定义是美国三军组织实验室理事联合会给出的，即信息融合是一个数据或信息综合过程，用于估计和预测实体状态。[①]

---

① 潘泉，等. 2013. 多源信息融合理论及应用. 北京：清华大学出版社：4-5.

第五章

学会"反省"自己

自省吾身，常思己过，善修其身。

"人非圣贤，孰能无过？知错能改，善莫大焉。"认知电子战需要评估每次行动的效果，得出经验和教训，进而升华自己。

《孙子兵法·谋攻篇》中说道，"知彼知己，百战不殆"，孙武认为"知"是战的前提，不能打糊涂仗。只有全面了解敌我双方的战争要素，才能准确评估战场态势，做出正确的决策。然而，在现代信息化战争中，战场态势瞬息万变，单纯靠指挥员来做判断和决策极有可能贻误战机，影响作战进程和效果。相对于传统电子战，认知电子战的一个优势就在于：它能够根据战场态势，及时"反省"，优化策略，并实施行动。

一、对手不会告诉你

"发现'敌'机向我阵地抵近，距离××，方位××，高度××！"面对突发"敌情"，防空作战群多型高炮迅速装定射击诸元，紧盯"敌"机动态。目标刚进入高炮射程范围内，阵地指挥员果断下达作战指令。高炮吐出一道道火舌，在空中编织出一张火力网，成功击落"敌"机。①

这样的场景是红蓝对抗演习中的家常便饭，通过大规模演习试验检验部队战斗力。贯穿演习全过程的一项重要工作是作战效能评估，指挥所站在"上帝视角"，对红蓝双方进行全方位、全流程的监控，并依据收集到的交战双方的所有信息与所有状态，对红蓝双方的作战结果进行评估。凡是演习效果评估需要的数据，都会被详细

---

① 解放军报. 2020. 鏖战戈壁织天网——新疆军区某火力团实装实弹演习影像. 解放军报，2020-12-01：09 版.

记录下来，并在演习结束后交给指挥所。因此，这种评估方法的准确性很高。然而，红蓝双方任何一方是无法拥有这样的"上帝视角"的，仅能依靠侦察装备获悉敌情，进行作战部署，实施作战行动。

在战场环境下，交战双方隶属于不同的利益集团，相互之间存在不可调和的利益冲突，像指挥所这样的"上帝视角"是不可能存在的，对抗双方均处于"凡人视角"。在电子战中，由于电子干扰属于软杀伤，不会有如爆炸等硬杀伤那样直观的效果，因此敌对双方无法轻易获得对方的信息，甚至可能会受到对方的"欺骗"。以通信为例，己方对敌方通信信号知之甚少，仅能通过侦察装备分析接收信号获得诸如通信频段、信号功率、调制样式、辐射方向等少量参数信息。

1944 年，即第二次世界大战全面爆发的第五个年头，盟军进入了反攻阶段。盟军对德国本土进行了广泛的战略轰炸，但是由于德军采用对空探测雷达来引导高射炮群对盟军轰炸机进行拦截，所以盟军的战略轰炸并没有取得突破性的战果。为了迷惑德军的炮手，美军战略轰炸机使用大量的金属箔条来干扰德军的雷达，仅第 8 航空队的消耗就达到每月约 1000 吨。出人意料的是，虽然美军大量增加了箔条的投放数量，但被高炮火力击中的轰炸机数量并没有大幅下降，美军百思不得其解。直到英军俘虏一名曾在德国高炮阵地服役的雷达操作员，才了解到其中的奥妙。原来，每当美军箔条干扰发挥作用的时候，炮兵阵地便采用"有提前量对空拦截设计"，即在轰炸机来袭的前方，用大量的炮弹构成拦阻弹幕，从而保证了拦截效果。①

① 阿尔弗雷德·普赖斯. 2002. 美国电子战史第一卷：创新的年代. 中国人民解放军总参谋部第四部，译. 北京：解放军出版社：269.

美军由于缺乏有效的干扰效果评估方法，盲目地抛撒了大量箔条，却无法得知干扰效果。于是，一边是箔条在铺天盖地地抛洒，好似天女散花，一边是轰炸机在旋转坠落。箔条未能掩护战机前进，没有取得预期的干扰效果。

1960年之前，雷达的干扰效果主要是通过观察被干扰雷达荧光屏上的图像来确定的。这种评估方法尽管很有用，但其结果带有一定的主观性，评估的准确度取决于雷达操作员技术水平的高低。为了客观评估干扰效果，美国通用动力（General Dynamics）公司在沃思堡建立了一个电子战评估系统，利用仪器仪表记录各种测试参数，如在不同距离上模拟"萨姆-2"制导雷达接收到转发式欺骗干扰机的信号功率，并与在相同距离上的飞机回波进行比较，从而评估干扰效果。

1962年，美国科内尔大学对电子战评估系统进行了升级改造，增加了可以改变调制方式和调整功率电平的通用干扰模拟器。利用改进后的系统，操作员可对比记录有干扰和无干扰条件下制导雷达的跟踪误差，再据此测出导弹偏差距离。改造后的系统提高了干扰效果评估的准确性[①]。1964年，"电子战评估系统"更名为"空军电子战评估模拟器"，以帮助美国空军正确评估干扰效果。

为进一步研究复杂电磁环境下的作战，美国空军在俄亥俄州赖特-帕特森空军基地成立了综合演示与应用实验室（IDAL）。该实验室是一个先进的电子战仿真机构，主要任务是通过电子战建模与仿真技术支撑美军电子战系统的研发。

可见，传统电子战的干扰效果评估主要以第三方评估为主，基于功率、时间、效率等准则对装备的干扰性能进行评估，通过直接

---

① 袁文先，杨巧玲. 2008. 百年电子战. 北京: 军事科学出版社: 111-112.

观测合作方通信/雷达系统的性能变化情况来评估干扰是否有效。第三方干扰效果评估多用于装备研制、靶场试验及实弹演习等场合。得益于"上帝视角",第三方干扰效果评估准确度较高。

在实际作战过程中,作为对抗方无法获取敌方辐射源受干扰情况,第三方干扰效果评估方法很难进行。尤其是战时评估实时性要求高,这种方法更不适用。为形成电子战的 OODA 闭环,实现干扰的在线监测与效果评估成为一个迫切的需求,以确保电子战系统的完全"自适应"。

二、学会"察言观色"

对现代电子信息系统而言,无论是通信终端还是雷达系统,为了顺利完成通信或探测任务,其受扰后通常会采取一定的措施来保证任务的继续执行。

以一部普通的通信电台为例,其受扰后通信质量下降。为了保证有效通信,电台使用者可能会增加信号发射功率,使信号强度大于干扰信号强度,以保持通信的连续性。此外,电台使用者还可以通过改变通信的调制样式来减弱干扰的影响。如不奏效,通信方可能会采取频率跳变措施,即通过不断切换通信的载波频率,使得干扰方难以锁定通信信号并进行干扰。在实际过程中,这些措施可以单独或者结合起来使用,根据具体情况采取最适合的措施,保障通信链路的稳定性和可靠性。

通信方采取以上这些措施都会导致通信信号发生一定的变化,这些变化或"明显"或"隐藏",可以看成是通信方的"宏表情"或"微表情"。站在电子对抗的角度,侦察方就需要学会"察言观色",分析通信方的"表情"变化,从受扰前后的通信信号中分析出其功率、频率、调制样式等变化。

三、透过行为看本质

行为是人类或动物在生活中表现出来的生活状态以及具体的生活方式，它是在一定条件下，不同的个人、动物表现出来的基本特征，或对内外环境因素刺激的能动反应。在认知电子战领域，电子战装备表现出和人类类似的思维过程，可以通过观察（侦察）—思考（分析和学习）—行动（判断和决策）—再次观察（再侦察）等阶段对周围的环境进行学习，不断地适应和接纳新环境。

目前在机器学习领域，众多研究人员都意识到行为学习研究的必要性，纷纷将重点放在认知理论与人工智能理论的结合应用上。图 5-1 为麻省理工学院认知描述科学小组给出的人类行为学习模型的建立过程。他们确定的研究原则为：以人类和机器为测试对象，通过建模、机器模拟的策略，建立与人类学习行为近似的模拟学习系统，进一步理解人类学习行为。

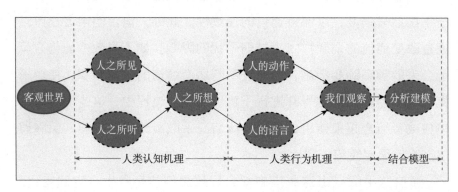

图 5-1　人类行为学习模型

行为分析技术最早应用于计算机木马病毒检测研究领域，它根据可疑程序运行过程中所表现出来的一系列行为判断程序是否为木马程序。这些行为包括对文件、注册表、进程的操作以及网络通信的动作。

对行为进行分析的算法其实是一种分类算法，其作用是把可疑程序归为木马程序还是正常程序。通过研究不同类型的木马程序并利用数据挖掘技术提取木马程序在行为上区别于正常程序的一些共性特征，建立木马程序的行为特征库。在检测时就可以将程序运行过程中的行为与行为特征库的行为进行匹配，作为判断的一项依据。

这种行为分析方法早在第二次世界大战期间就在战场干扰效果评估中得到了应用，只是没有进行系统研究。第二次世界大战中，美军利用轰炸机上的"地毯"干扰机对德军"维尔茨堡"（Würzburg）火控雷达实施瞄准式干扰。与此同时，附近会有其他飞机利用侦察接收设备监视干扰效果。当时雷达的性能较弱，全部都是操作员手动操作。当雷达受到干扰后，操作员通常会手动调整雷达的发射频率到一个没有干扰的频段，以避开干扰，然后再次发射信号实施探测。因此，只要附近的监测飞机发现被干扰的雷达更换了工作频率，就可以判断本次干扰是有效的，否则干扰无效。[①]

越南战争期间，美军继续采用类似的行为分析来评估干扰效果。越南民主共和国防空部队使用"扇歌"（Fan Song）制导雷达控制SA-2导弹，美军战斗机上的干扰机对"扇歌"雷达实施干扰。干扰后，通过侦测"扇歌"雷达的导弹制导信号来判断雷达的工作状态，进而评估干扰效果。如果侦测到雷达的导弹制导信号，则意味着导弹已经发射出来，也就意味着前一阶段的干扰是无效的。美军还在干扰期间通过侦测"扇歌"雷达信号来分析当前雷达的工作状态，

---

① 石荣. 2019. 历史上实际交战中雷达干扰效果评估方法回顾及启示. 电子信息对抗技术，34（5）：49-56.

并据此评估干扰效果。如果雷达一直处于搜索状态，无法转入跟踪状态，就可以判断干扰是有效的。[①]

现在，随着人工智能的发展和应用，基于行为分析的干扰效果在线评估技术在认知电子战领域受到了广泛关注。2010 年 7 月 9 日，美国国防部高级研究计划局发布了名为"自适应电子战行为学习"的项目公告。该项目计划开发一个网络电子攻击系统，目标是确保在战场上具备对抗新的动态射频威胁的能力。该项目的重点是通过开发能够快速检测和描述新无线电威胁的新型机器学习算法与技术，动态合成新的对抗措施，并根据对威胁的无线的、可观察到的变化提供准确的战斗伤害评估，实现近实时的检测、描述和对抗先进的无线通信威胁。在这种思路下，干扰效果的产生与否可用行为分析来判断。"自适应雷达对抗"是美国国防部高级研究计划局与洛克希德·马丁空间系统公司于 2012 年启动的一项为期 5 年的研究项目，该项目以认知雷达为作战对象，采用软件无线电技术开发能够对抗敌方自适应雷达信号的电子战系统。最终系统按照图 5-2 所示步骤实施作战，可见其中关键一步也是基于威胁目标的行为评估干扰效能。

基于此，战时可根据干扰实施后敌方的行为变化来分析干扰效果，称为基于行为学习的干扰效果评估。基于行为学习的干扰效果评估代表了战场实时评估的发展方向，给基于干扰方的干扰效果评估带来了新思路和新方法。摒弃了第三方评估的不足，在评估要素的选取上更加注重战时可以获得的参数，利用机器学习对被干扰方受扰后的行为进行分析，使得干扰效果的评估实时、准确，向指挥

[①] 石荣. 2019. 历史上实际交战中雷达干扰效果评估方法回顾及启示. 电子信息对抗技术，34（5）：49-56.

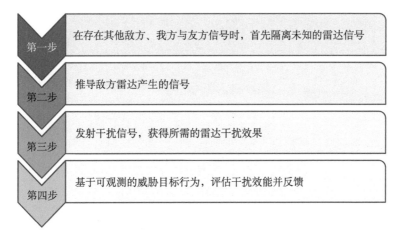

第一步　在存在其他敌方、我方与友方信号时，首先隔离未知的雷达信号

第二步　推导敌方雷达产生的信号

第三步　发射干扰信号，获得所需的雷达干扰效果

第四步　基于可观测的威胁目标行为，评估干扰效能并反馈

图 5-2 "自适应雷达对抗"系统流程

员实时反馈战场信息。对干扰方而言，在侦察期间获得的技术参数均可看作敌方正常行为的表现；在施加干扰后，再次对敌方进行侦察，若干扰有效，则敌方的某些技术参数必将发生改变。

　　获得目标信号参数特征之后，通过大量的长期学习分析，就可以分析得到目标行为和干扰效果之间的对应关系，建立起目标行为库。战时，基于目标行为库，通过比较目标干扰前后行为的不同，对干扰效果做出实时评估。

第六章

未来在召唤

敢问路在何方？路在脚下。

认知电子战发展至今已经展现了其超越传统电子战的能力，但依然面临诸多技术难题，需要脚踏实地往前推进。

"工欲善其事，必先利其器。"未来的信息化战场上，认知电子战的装备形态既可能是集侦、干、探、通、攻、管、评于一体的全能型选手，也可能是执行某一特定功能的特种尖兵；既可以是呼啸电磁空间的大力"杀手"，也可以是静如处子的寂寞哨兵；既可以是单打独斗的电磁"独狼"，也可以是成群结队的干扰"蜂群"。但它们都必然是具有健壮的骨骼、智慧的大脑，同时还具备学习、推理与进化能力的智能装备。

一、天下武功，唯快不破

粗判速扰

一种电子对抗战法，即粗略判别信号属性，快速实施干扰。

金庸的武侠小说中有一个绝世高手——令狐冲。他从风清扬那里学到了破尽天下武学的剑法——独孤九剑，该剑法虽可以破解天下诸多绝学，却唯独破不了东方不败身影如鬼如魅、飘忽来去的"快"。这就是"天下武功，唯快不破"。

电磁战场上，虽无声无形，却也刀光剑影。敌对双方的博弈中，始终离不开一个"快"字。通信方在"快"字上使出了浑身解数，猝发通信、快速跳频、高速数传，都是为了尽可能缩短通信时间，躲避侦察、截获和干扰；雷达为了快速捕获目标普遍采用有源电扫相控阵，为了躲避干扰采用捷变频技术等。作为非合作的对抗方，更要以快打快，宽带接收、射频直采、粗判速扰，认知电子战中更是采用人工智能技术提升系统应对各种威胁的反应速度和灵活性，所有这些都是为了尽可能快速发现目标，快速施放干扰。

认知电子战中的"快"主要体现在缩短 OODA 环路的反应时间，在"观察环境—适应环境—做出决策—采取行动"的每一个环节中都要尽可能地快。新一代智能电子战系统大带宽、多频段、可重构信号处理与传输的需求对天线、射频（radio frequency，RF）前端与链路的性能提出一系列挑战。在电子战系统的硬件配置上，超宽带高效率低剖面天线、可重构电磁阵列、可重构射频等应运而生；在软件配置上，各种基于领域知识的机器学习算法得以广泛使用。

（一）超宽带高效率低剖面天线

先进电子战系统对相控阵天线的带宽、波束覆盖和极化多样性等性能需求迅速增长。国内外学者在此领域潜心研究，开发出一系列超宽带阵列天线。

除了我们日常接触到的各种形状的线天线、面天线，超宽带阵列天线在军事应用上的需求更加迫切。维瓦尔第（Vivaldi）天线，又称渐变开槽阵列（tapered slot array，TSA），是一类非周期连续渐变端射天线的统称，包括开槽天线、渐变开槽天线和端射槽线天线等。它是一种基于延长单元纵向尺寸以实现带宽拓展的经典宽带天线阵列形式，经过四十余年的发展，该形式的天线阵已经可以在很低的有源驻波比（active voltage standing wave ratio，Active VSWR）条件下实现超过 10∶1 的阻抗带宽以及大于 45° 的扫描角。图 6-1 为一款宽带维瓦尔第天线阵。

有趣的是，维瓦尔第天线于 1979 年由英国发明家彼得·吉布森

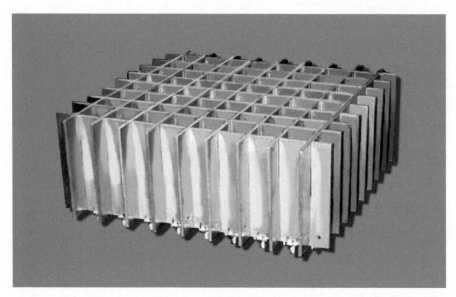

图 6-1　宽带维瓦尔第天线阵

（Peter Gibson）发明。他酷爱音乐，于是选择以巴洛克作曲家安东尼奥·维瓦尔第（Antonio Vivaldi）的名字来命名这款天线。

维瓦尔第天线具有很强的可塑性，在一层柔韧的薄基底上构建，能适应包括高速战斗机在内的各种表面。

由于采用了这种超宽带、高效率、低剖面天线，系统接收和发射信号的频率范围大大提高，避免了配置多幅天线带来的体积及安装难题，节省了频繁切换天线带来的时间。

（二）可重构电磁阵列

可重构电磁阵列可以使电子战系统工作在多种期望的模式下，能做到随时快速切换状态，可完成以前多个系统设备才能实现的多模式工作，阵列天线的频率、带宽、波束数量和方向、零点、极化和阻抗等都可以进行实时重构，系统的整体性能得以大幅提升。

美军"阿利·伯克"Ⅲ"宙斯盾"系统采用防空反导雷达（air and missile defense radar，AMDR）代替老式的 AN/SPY-1D（Ⅴ）雷达。AMDR 采用双频段雷达体制，多功能设计，由升级的 X 频段水平搜索雷达 SPQ-9B 和新研制的 S 频段综合防空反导雷达（AMDR-S）构成。X 频段雷达用于地平线搜索、精确跟踪、导弹通信和终端指示；S 频段雷达用于个体搜索、跟踪、弹道导弹识别以及导弹通信。AMDR-S 采用开放式体系结构和模块化设计思路，如图 6-2 所示，每个天线阵列由 37 个雷达模组（radar module assemblies，RMA）构成，每个雷达模组长宽均为 60.96 厘米，包含多通道收 / 发模块（TRIMM）第四代数字接收机激励器及相关单元；系统可升级，孔径规模可裁剪；采用新型氮化镓材料，体积小，功率高。雷达模组先进的设计克服了 SPY-1 雷达的诸多限制，信噪比是 SPY-1 的 32 倍，探测威力是 SPY-1 的 2.4 倍，同时处理目标数是 SPY-1 的 30 倍，具备对空中目标和弹道导弹目标远程探测与跟踪的能力，其强大的功能将进一步提高"宙斯盾"系统的防空反导作战效能。

AN/SPY-1

美国无源相控阵雷达，工作于 S 波段，由 4 面各涵盖 90°方位角的天线构成，每面天线约 3.65 平方米，含 4480 个天线单元，是"宙斯盾"舰载作战系统的核心模块之一。

AMDR-S 阵列的模块化、可裁剪体现在雷达模组上，通过组合不同数量的雷达模组可实现阵列系统的规模裁剪，可满足不同系统对等效辐射功率（equivalent radiated power，ERP）、灵敏度等指标的使用要求。

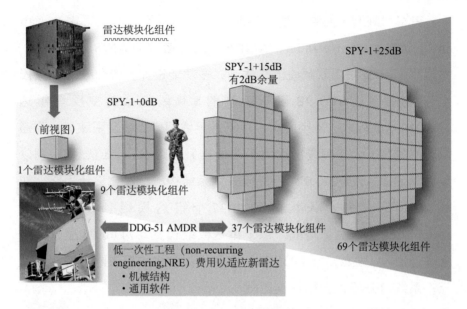

图 6-2　AMDR-S 阵列模块化、可裁剪体示意图

　　类似的可重构电磁阵列也可应用于认知电子战装备中，大幅提升系统同时应对多个不同威胁的快速响应能力。

（三）微波光子射频前端

　　射频前端与链路是无线系统的基础组成部分，承担着无线信号的收发处理与传输等关键任务，发展具有大带宽、多频段以及可重构特性的智能射频前端与链路对电子战系统的性能至关重要。基于传统电子技术的射频前端与链路存在高频损耗大、带宽窄、处理速度低等诸多瓶颈问题，难以满足认知电子战系统的敏捷、快速响应需求。

　　近些年来，微波光子学的快速兴起与发展为上述问题的解决提供了新的方法和思路。微波光子系统将传统电子学难以处理的高频、宽带微波信号调制到光域上，借助光子学器件或者技术的低损耗、大带宽以及抗电磁干扰等本征优势进行宽带、高频微波信号的产生、传输、处理、检测和控制等。微波光子技术能够有效地缓解传统电子学技术在处理和传输高频段、大带宽、动态时变微波信号时所面临的困境。因此，满足宽带、多频段以及可重构等特性的微波光子智能射频前端与链路成为近些年来微波射频器件研究的热点。

　　微波光子收发射频前端结构如图 6-3 所示。同传统的电射频前端一样，微波光子射频前端需要完成信号放大、滤波、本地振荡（local oscillator，LO）信号产生、针对发送和接收的上下变频等。不同的是，微波光子射频前端一方面将射频信号变换到光域，利用微波光子技术的大带宽优势替代电子器件实现信号滤波和混频等处理功能，以兼容多频段、多制式、多功能信号；另一方面可通过光子技术产生高频、可调谐的本地振荡信号。

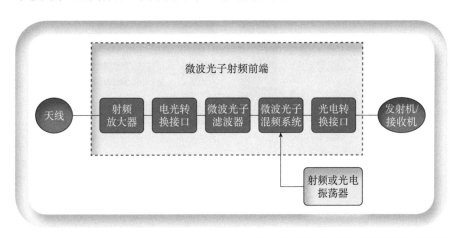

图 6-3　微波光子收发射频前端示意图

　　可重构微波光子射频前端的研究主要集中于利用微波光子混频技术的宽带优势，实现发送和接收信号的宽带可调谐上、下变频，以满足智能系统的多频段信号兼容与灵活可重构需求。

　　相控阵收发前端通过控制各个阵元幅度和相位来实现射频信号

的高效定向覆盖，能够有效降低系统损耗，增加覆盖范围，减少附加干扰。因此，相控阵收发前端在雷达、无线通信等射频微波领域具有广阔的应用前景。

基于光子真时延的波束赋形技术因能够充分利用光子技术的抗电磁干扰、重量轻、体积小、低损耗、高带宽等优势，有望替代现有带宽受限电子技术来满足射频智能系统的宽谱灵活覆盖需求。基于光子真时延波束赋形的阵列化收发前端基本结构如图 6-4 所示。射频信号经电光转换至光域，通过光子学手段对射频信号进行群时延调控，最终获得多路不同延时的天线馈送射频信号。

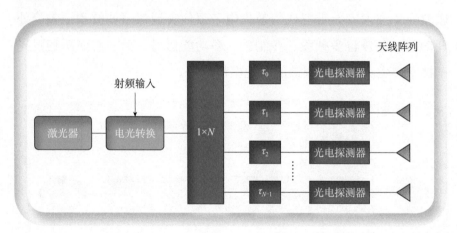

图 6-4　基于光子真时延的相控阵收发前端示意图
注：t 代表时延

二、一力压十艺，功率是基础

武林高手比武时，双方在台上都是腾挪闪耀、避实就虚，只见得双方大战五百合难分高下，但胜负也在毫厘之间分出，获胜方瞅准对方一个破绽，重拳出击、一招致命。

从高手比武可以看出，要想获胜必须满足三个条件：一是要严防死守；二是要找出对手破绽；三是要有足够的力量，一招制敌。电子对抗也是如此，面对敌方信息系统的多重防护及抗干扰措施，必须在密集复杂的电磁环境中发现目标，找到目标的薄弱环节，快速施放强力干扰，压制对手。高功率代表更大的作战半径和更强的干扰压制能力。武林高手需要"一力压十艺"，电子战系统强调"功率是基础"。

实现大功率干扰的技术途径一是采用氮化镓（GaN）器件功率放大器，二是采用功率合成技术。

（一）氮化镓器件功率放大器

长期以来，行波管（travelling wave tube，TWT）一直是大功率输出功放的首选器件。行波管具有优良的特性，包括千瓦级功率、倍频程带宽甚至多倍频程带宽、高效回退操作以及良好的温度稳定性。行波管也有一些缺陷，其中包括较差的可靠性、较低的效率、较大的体积，并且需要非常高的电压（大约 1 千伏或以上）才能工作。

近年来，以氮化镓为代表的第三代宽禁带半导体器件已经得到广泛关注与研究。由于其具有禁带宽、击穿电场强度高、饱和电子迁移率高、热导率大、介电常数小、抗辐射能力强等优点而备受业界青睐。

氮化镓技术的出现让业界开始放弃行波管放大器，转而使用氮化镓放大器作为功放系统的输出级。与行波管相比，氮化镓的优势在于能够大幅简化输出合成器，减少损耗，因而可以提高效率，减小芯片尺寸。

近几年，氮化镓高电子迁移率晶体管（high electron mobility transistor，HEMT）的技术创新非常活跃，在高效率、宽频带、高功率和先进热管理等方面的研究均有长足的进步。目前氮化镓高电子迁移率晶体管的发展突破了零微管缺陷、高纯半绝缘单晶衬底生长等一系列关键技术，具有非常高的截止频率和工作速度，以及良好的噪声性能和高可靠性等，发展成为固态微波领域中的核心技术。氮化镓在功率密度方面比硅（Si）、砷化镓（GaAs）和磷化铟（InP）等微波器件高近 10 倍，在 2～40 千兆赫兹，小栅宽器件的功率密度达到 10 瓦 / 毫米以上，最高达到 40 瓦 / 毫米；在 80 千兆赫兹达到 2 瓦 / 毫米。纳米量级的栅长、抑制短沟道效应和减少寄生参量等方面优化设计的结合，使氮化镓器件高频特性的截止频率已达 370 千兆赫兹，最大振荡频率已达 518 千兆赫兹。氮化镓器件所具有的微波高功率密度和较好的高频性能在雷达、通信和电子对抗等领域引起了高度关注，频率从特高频到 3 毫米波段，大量的高功率微波氮化镓器件已应用于雷达、电子战装备和移动通信基站等领域。

高功率微波氮化镓技术正处在一个快速发展并逐步走向应用的重要时期，未来发展趋势包括：高功率高效率改进、高频太赫兹突破、单片集成增强 / 耗尽（E/D）模式和更高集成度增强技术等。

（二）功率合成技术

虽然氮化镓功率器件的输出功率、工作频率不断提高，但与行波管相比，单管的输出功率仍有限，要想得到大功率的固态放大器，必须采用功率合成技术。

功率合成技术有平面功率合成和空间功率合成两大类。平面功率合成采用微带传输线合成方式，如图 6-5 所示。由于微带传输线损耗以及电路面积随着合成器件单元的数量增加呈非线性增长，从而使其能够合成的固态器件数目受到限制，导致其合成效率越来越低，功率输出会逐渐饱和。

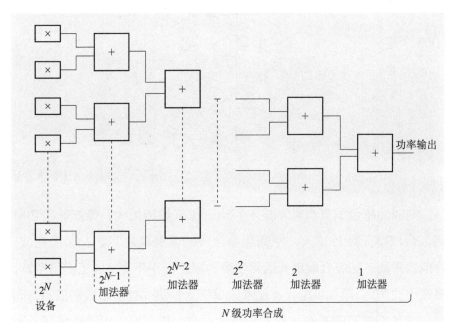

图 6-5　平面功率合成示意图

　　空间功率合成是通过准光喇叭、波导或波导喇叭等方式把输入信号耦合到较大横截面积的放大阵列中，通过阵列放大后的信号再被耦合为空间波束，各辐射单元的信号功率在自由空间实现定向合成后再通过准光喇叭、波导或波导喇叭输出，如图 6-6 所示。所有单元器件并行工作，系统损耗只取决于传输模式与有源器件的耦合性能，与单元器件个数无关，有效地解决了电路合成效率随单元个数增加而下降的问题，其合成效率比平面电路更高，可以获得极大的合成输出功率，现已广泛应用于雷达和电子战装备领域。

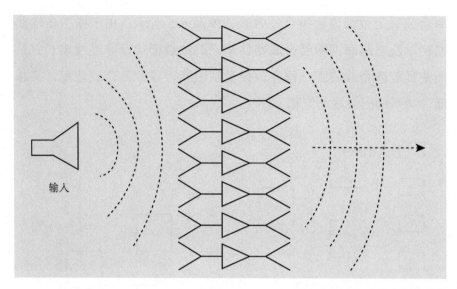

图 6-6　空间功率合成示意图

　　空间功率合成具有以下技术特点。①天线增益大，等效输出功率高。合成单元数目越大，空间功率合成的优势就越明显。②损耗低，合成效率高。随着合成单元数目增多，损耗几乎不变。③工作带宽宽，最高可达 10 倍频程以上。④随着频率变大，集成度可以做得很高，而且三维结构能有效减少体积和重量。⑤供电电压低，机动性能好，能适应越来越复杂的战场电子环境和机载、星载、弹载等各种平台。

　　诺斯罗普·格鲁曼（Northrop Grumman）公司"先锋"（Vanguard）雷达阵列的核心部件是模块化雷达单元，尺寸约为 1 英尺[①]，单个发射和接收芯片由基于氮化镓的单片微波集成电路组成。系统集成架构如图 6-7 所示。

　　澳大利亚 CEAFAR 有源相控阵雷达系列的前端射频系统由较小的阵面单元构成，每个天线阵面单元尺寸为 30 厘米 ×30 厘米，

－────────

　　①　1 英尺 =0.3048 米。

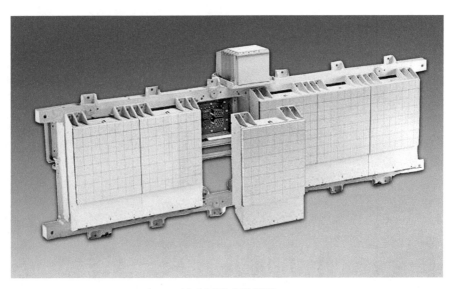

(a)"先锋"雷达阵列

(b) 模块化子阵

图 6-7 "先锋"阵列架构

图 6-8　CEAFAR 有源相控阵阵面

有 64 个接收 / 发射组件。只要增加每面阵列天线的阵面数量，就可以增强雷达的总功率。以图 6-8 所示的阵面为例，总共使用 6 个 S 频段搜索 / 跟踪阵列天线以及 4 个 X 频段照射 / 火控天线，每个 CEAFAR 天线由 16 个阵面构成（以 4 × 4 排列），因此每面天线总共有 1024 个接收 / 发射单元，6 面天线总共有 6144 个接收 / 发射单元，可以合成出 10 兆瓦量级的等效输出功率。

三、既要学秘籍，更要会创新

武林高手在博弈中，对阵双方都是有备而来、志在必得。高手经过多年的潜心修炼，掌握了独家秘籍，指望凭此一战，扬名立万、称霸武林。但绝顶高手不光是修炼秘籍，更多的是博采众家之长，创造出一门武学，从而独步武林。

认知电子战系统也是如此。电子战系统要求在复杂的战场电磁环境下，面对陌生的对手和未知的电子目标，迅速生成最佳干扰策略，施放干扰，在干扰过程中还要实时评估干扰结果。这就对电子战系统的认知能力提出了更高的要求。

要提高电子战系统的认知能力：一要靠多源信息的融合，不断更新动态知识；二要依托知识图谱强大的推理能力，提升对未知目标的分析处理能力。

（一）融合动态知识

认知电子战系统的知识一方面来源于对目标辐射源的特性分析，从信号产生的机理、信号的各种外部特征（如频率范围、调制样式、调制参数、编码方式、工作模式、脉内特征、脉间参数、极化方式等）获取的模型特征；另一方面来源于对大量侦察数据的深度学习。

以辐射源个体识别为例，模型驱动的识别方法是传统的辐射源识别方法，需要对通信和雷达辐射源目标进行长期的控守、分析和研判，在对目标特征参数提取和分析的基础上形成识别模型。这种方法的优点是针对性强；缺点是泛化能力不足，目标辐射源模式和参数改变会影响识别结果，模型的通用性较差。

这类似于棋手天天打谱、武林高手天天练拳，日积月累也有效果，并最终脱颖而出成为强者。

数据驱动的辐射源识别是基于深度学习的理论和方法，对截获的大量侦察数据进行标注、训练，利用训练好的网络对目标进行识别。这种方法的优点是在数据广泛、分布均匀的前提下识别准确率高，能适应频率、调制方式、波形参数的变化；缺点是对训练数据要求高。

这类似于人机对战中的 AlphaGo，在学习了大量棋谱后，成功战胜了国际围棋界顶尖高手李世石。

电子战目标识别的难点之一就是难以获取敌方辐射源大量的侦察数据，解决的一种方法是类似于人机对战中的 AlphaZero，在用深度学习方法训练了大量棋谱的基础上，利用强化学习方法进行自我博弈，获得人类棋谱上没有的招数；另一种方法就是将模型驱动和数据驱动相融合。

基于特征融合的电磁信号目标识别算法框架如图 6-9 所示。该方法将人工特征与深度特征结合起来进行辐射源个体识别，以解决在训练样本数量限制的情况下深度特征表征能力不足、识别准确率低的问题。

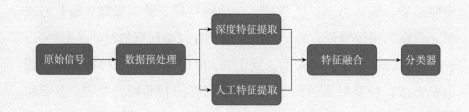

图 6-9　模型驱动与数据驱动融合的目标识别方法

认知电子战目标知识库、干扰策略库中的知识和策略还需要在平时的战备执勤、演习演训中，在与对手的博弈中不断更新。类似于 AlphaZero 一样，学习到的新目标特性、新的干扰策略能动态更新，装备的实际作战能力才能在对抗博弈中不断提高。

（二）知识图谱

知识库可以将人类知识组织成结构化的知识系统。构建大型的知识库以实现对已有知识的高效组织与管理，一直是业界所追求的目标。早期的研究者花费大量精力构建了各种结构化的知识库，如语言知识库 WordNet、世界知识库 FreeBase 等。大型知识库的构建是知识图谱技术研究的基础。

2012 年 5 月 17 日，谷歌发布了 570 亿实体的大规模知识图谱项目，并宣布以此为基础构建下一代智能化搜索引擎。至此，知识图谱逐步成为推动人工智能学科发展和支撑智能信息服务应用（如智能搜索、智能问答、个性化推荐等）的重要基础技术。

作为一种结构化知识表征技术，知识图谱在信息服务的各个领域发挥着重要作用。例如，在谷歌、百度等搜索引擎的信息检索中，知识图谱可用于搜索引擎对实体信息的精准聚合和匹配、对关键词的理解以及对搜索意图的语义分析等；在智能化客服的问答系统中，匹配问答模式和知识图谱中知识子图之间的映射；在商用广告投放的推荐系统中，将知识图谱作为一种辅助信息集成到推荐系统中，以提供更加精准的推荐选项；在消费领域的电子商务中，构建商品的知识图谱用于精准匹配用户的购买意愿和商品候选集；在银行的金融风险控制中，利用实体之间的关系分析金融活动的风险，以提供在风险触发后的补救措施（如反欺诈等）；在公安机关的刑侦系统中，可分析实体和实体之间的关系，以此获取案件线索等；在教育医疗中，可提供可视化的知识表示，用于药物分析、疾病诊断等。

电磁信号侦察分析需要依靠大量的侦察设备，而不同的体制、不同来源的侦察数据，需要大量的人力对其进行整合，才能转化成有价值的情报。随着科技的发展，战场电磁环境的复杂度越来越高。大量新体制信号的投入使用，各类情报侦察与监视预警信息呈爆炸式增长，由此产生的海量信息已经超出了情报分析员的能力范围。

知识图谱技术作为一种高效的信息处理技术，能帮助使用者有效处理各种信息，进而实现复杂情报信息整合处理、检索、问答以及推理等功能。在认知电子战中，基于知识图谱的电磁情报处理技术将在电磁信号的情报处理、辅助决策中获得极大的运用（图 6-10）。

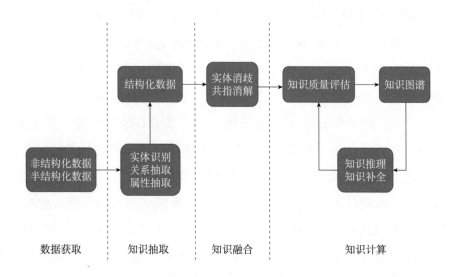

图 6-10　知识图谱框架

针对当前电磁情报分析工作存在的无法对信息进行深层次解析、筛选不及时以及有效信息产生时效低、反馈失误等问题，需要研究基于知识图谱的电磁情报分析与辅助决策技术。在构建可解释的电磁信号知识表征模型的基础上，构建可扩展、可解释的电磁知识图谱，研究适用于电磁情报分析的知识抽取、知识推理技术，实现从信号特征参数到辐射源类型的关联验证，实现从电磁信息到作战目标的所属单位、作战功能、行为、干扰策略等情报输出，全维、高效、实时地发现、挖掘和利用情报数据的价值，以获得决策和作战行动中的情报优势。

四、静默潜伏，一招制敌

2015 年 6 月 28 日，美国智库战略与预算评估中心发布《电波制胜：重塑美国在电磁频谱领域的优势地位》(Winning the Airwaves：Regain America's Dominance in the Electromagnetic Spectrum)，提出了"低-零功率"电磁频谱战等新型电子战作战概念。宗旨是：综合运用低-零功率和低截获概率/低检测概率的武器系统，通过在战场上尽量少发射或不主动发射电磁信号，实现无电磁辐射征兆的兵力和火力行动，从而有效隐藏作战企图，大幅提高战场生存能力。

其主要作用表现在以下几个方面。

（一）抵近侦察干扰蒙眼堵耳，扰乱防空体系

未来，交战双方将在战场上大量使用无人机"蜂群"、微型空射诱饵、隐身电子战无人机，利用其低可探测率、任务多样化、作战能力强的特点，携带低功率干扰载荷，采取分布式干扰方式抵近战场前沿，对敌侦察预警体系实施扰乱欺骗，削弱敌战场感知能力。一是无人机"蜂群"抵近干扰。使用运输机在敌防空火力区外空投无人机"蜂群"，或由无人潜航器隐蔽接近敌海岸后上浮发射潜射无人机，对敌雷达实施饱和式干扰。二是微型空射诱饵欺骗干扰。使用载机密集发射微型空射诱饵，编队飞行模拟"真实"空情，区域巡逻待机实施干扰，刺激和诱骗敌防空雷达系统开机工作，对敌防空雷达实施逼近式干扰压制。三是隐身无人电子战飞机突防干扰。利用无人机长航时、难发现的特点在敌防空体系周边长期游弋试探，伺机潜入释放投掷式干扰机对敌雷达实施近距干扰。

（二）使用无源探测精确定位，引导火力打击

交战双方使用单基或多基无源传感器感知电磁目标和利用外辐射辅助无源传感器感知非电磁目标，通过低截获／低检测概率通信组网传输火控信息，形成"低-零功率"的"传感器-射手"打击链。一是以多架电子战飞机或预警机上的无源侦察系统，通过多平台到达时差定位算法对舰船等低速目标进行精确定位，并引导反舰导弹实施打击；二是以机载光电探测设备直接定位目标，引导舰载"战斧"巡航导弹和"远程精确火力"战术弹道导弹实施精确打击；三是为战斗机加装"红外搜索跟踪系统"，使其具备不使用机载雷达即可实施超视距空战的能力。

到达时差定位

根据电磁波传播速度和电磁波到达多个平台的时间差来确定目标位置的一种方法。

（三）实施电磁静默匿踪潜行，实施隐蔽突袭

综合运用电磁管控手段和隐身战技术规避对方侦搜行动，平台本身不辐射电磁信号，依靠卫星侦察提供概略情报引导，由远程侦察机和长航时无人机提供精确情报与目标指示，全程隐蔽机动进入战位，实施电磁静默下的防区外打击或低截获概率的隐身战机突防打击。

电磁静默战是一种全新的、陌生的作战方式，要满足这种新型作战方式的作战需求，就要做好电磁环境利用。从资源运用的角度看，电磁环境利用即综合利用电磁环境信号，实现符合电磁静默战作战需求的态势感知、通信与组网、火力打击引导等能力。

多功能电子战（Multifunction Electronic Warfare，MFEW）系统属于美国陆军电子战部队，是一个吊舱系统，主要安装于 4 类无

人机平台（中大型无人机）以及其他地面平台上，如图 6-11 所示。2018 年 9 月，洛克希德·马丁空间系统公司获得了价值 1800 万美元的该项目第一阶段的开发合同，并于 2020 年 1 月进行了飞行测试。多功能电子战系统的原型基础是"沉默乌鸦"吊舱，能够为指挥官提供电子干扰、电子支援、电磁频谱感知、进攻性网络作战等能力。

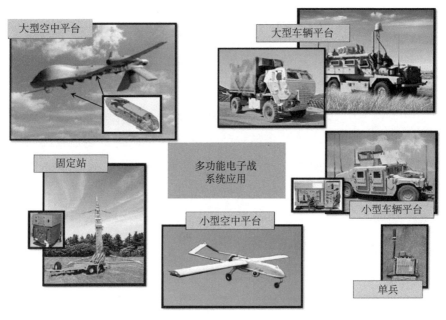

图 6-11　多功能电子战系统可加装于不同类型、不同规模的平台上

　　"沉默乌鸦"吊舱具有三大亮点：一是网络-电磁一体战能力；二是认知电子战能力；三是软件化电子战能力。多功能电子战系统的认知引擎可使用机器学习算法来分析其所检测到的威胁信号，并即时计算有效的对策，而不必返回基地并将新数据下载给人工分析人员。此外，还可以借助更强的人工智能来辅助实施任务后分析，能够以传统系统无法实现的方式做出及时响应，快速、精准、灵活

地应对威胁。

五、无人作战，精彩亮相

相比于传统的大型空中作战平台，采用无人机承担各类机载电子战任务，具有使用灵活、无人员伤亡、可重复使用、使用效费比高等多种优势，因此具有非常广阔的应用前景。

无人机承担机载电子战任务的主要应用形式包括以下几种。

（一）采用无人机承担电子信号情报侦察等

由于无人机使用灵活，一般不受地形、气候等条件的限制，因此往往能够携带高性能装备前往敌方纵深开展侦察，这往往是传统陆基电子侦察装备做不到的。一般无人机反射截面积小、飞行高度低，便于实现低空突防，往往能够穿越敌方防空体系从而进行抵近侦察。此外，由于无人机侦察往往可持续较长时间，因此可昼夜盘旋在侦察地域和目标周边实施长时间的持续性侦察，能够对敌方的瞬时信号辐射源进行侦察并获取有价值的信息。由于无人机可渗透到敌方纵深区域内侦察，因此可大大减少地形曲率和地形遮挡对电子侦察设备的限制。

（二）采用无人机从事电子诱饵、反辐射攻击的作战电子支援

电磁伴攻和充当诱饵是现代电子战中的一种重要战术行动。由于无人机体积小，因此特别适合执行电磁诱饵任务且更具欺骗性。反辐射攻击也是无人机从事电子战的一项重要应用。相比于反辐射导弹，反辐射无人机具有更加宽广灵活的飞行和任务航线，能在待

攻击目标邻近上空巡航游弋。反辐射无人机一般可从地面或空中起飞，采用自身携带的雷达侦收导引头向敌方雷达发动攻击。反辐射无人机发射升空后爬升至指定高度，沿着预先设定的飞行航线飞行，到达目标区后巡逻待机并搜索区域内的潜在雷达信号，一旦导引头截获和跟踪到雷达或其他电磁辐射源，便通过末制导系统引导无人机攻击电磁辐射源，使用自身携带的战斗部摧毁目标。如果敌方雷达采取自卫、欺骗措施时，无人机即在待攻击目标邻近上空巡航游弋。当目标雷达开机时，机载导引头便立即捕获目标，随即实施攻击。反辐射无人机具有目标特征小、续航时间长、机动灵活等特点，能够出入敌方防空火力重点布防区域而不造成人员伤亡，是执行对敌防空压制等多种作战任务的利器。

（三）采用无人机执行抵近干扰任务

当前，无人机已被逐步应用于执行各类干扰任务：一方面，可用于实施伴随式干扰，影响破坏敌方对空武器和雷达的正常工作，从而掩护己方飞机突防和实施对目标攻击行动；另一方面，可以对敌方重点目标实施长期抵近干扰，迫使敌方雷达、通信站点等重要战场无线电基础设施无法正常工作，从而进一步导致敌方地面防御体系瘫痪。无人机用于通信干扰，好处除了与敌方距离近外，还由于距离己方阵地较远，不易使己方通信同时受到干扰，这对干扰敌方关键的通信节点、保护己方通信正常进行具有重要的作用。同时由于可实施抵近干扰，往往可以以较小的干扰功率获得较好的干扰效果，从而可简化对干扰设备的相关要求。

如图 6-12 所示，MQ-1C "灰鹰" 无人机是由 "捕食者"（Predator）无人机改进而来的攻击无人机，作为美军重要的无人机平台，在历次

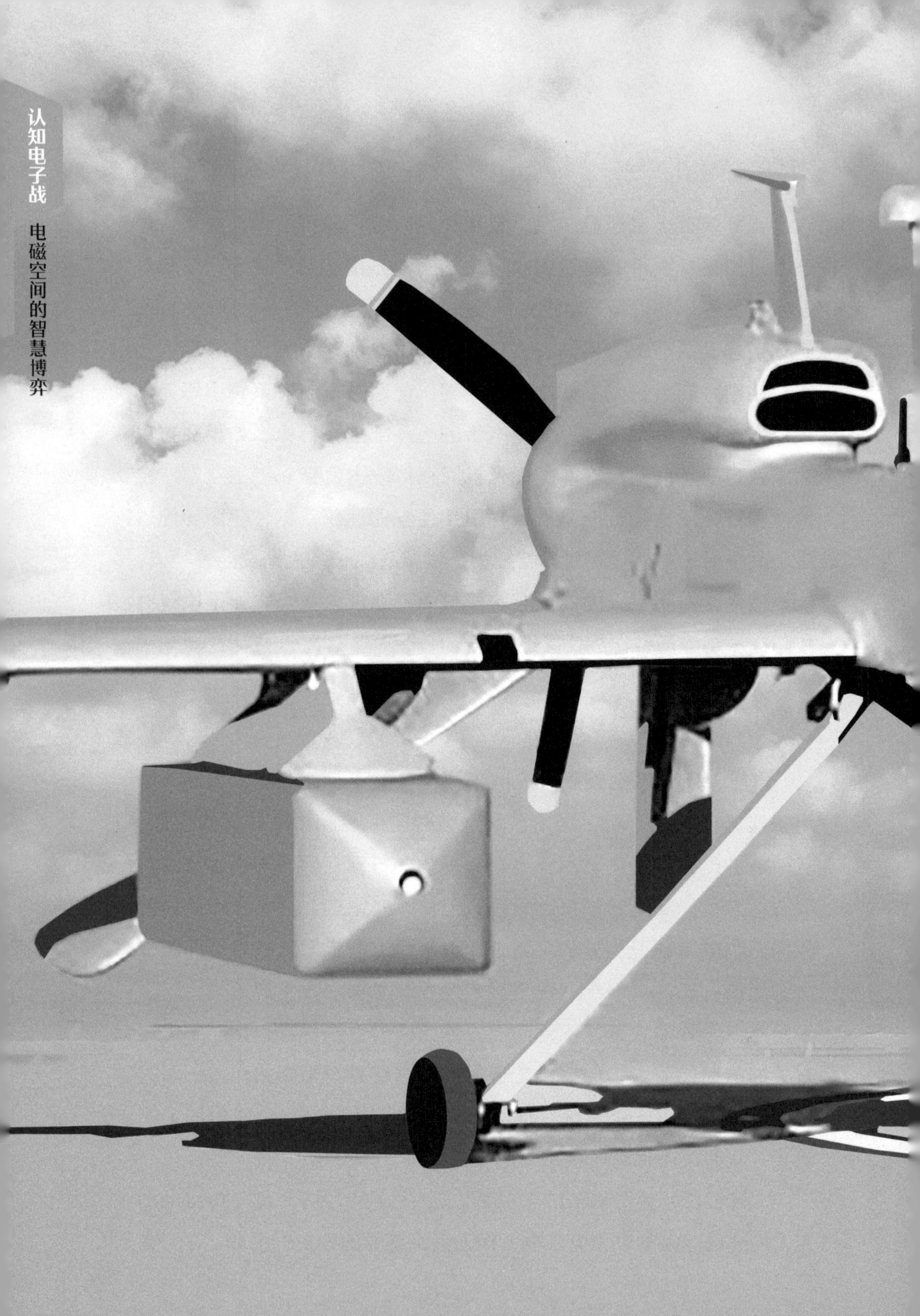

图 6-12 配备 MFEW-AL 吊舱的 MQ-1 无人机

作战中发挥了重要的作用，表现出良好的飞行性能，也成为美军进一步挖掘潜力、形成无人机电子战能力的一型重要装备。2022年8月，进行了演示验证。第二阶段的研发，在MQ-1C平台上搭载"沉默乌鸦"的新型网络电子战吊舱，旨在通过无人机机载吊舱系统来增强作战能力，使作战人员、指挥系统全面掌握战场态势，从而进一步强化美陆军的情报及电子战能力。

"哈比"反辐射无人机是国际反辐射无人机中的经典产品，其外形如图6-13所示。"哈比"无人机是以色列航空工业公司（Israel Aerospace Industries，IAI）在20世纪90年代研制的可以从卡车上发射的反辐射无人机。"哈比"无人机采用三角翼布局，采用活塞发动机推动，火箭发射加力的动力形式。"哈比"无人机装备了红外导引头、机载计算机和全球定位系统（global positioning system，GPS）导航定位模块及任务管理系统。机头安装有一个宽频的雷达

图 6-13　以色列"哈比"反辐射无人机

辐射信号探测天线，后部装有高爆战斗部。发射后能够自主飞往巡逻区，可在 4000 米高空以 180 千米 / 小时的巡航速度飞行，当接收到敌人雷达探测信号后，可自主对敌方雷达进行攻击，因此被称为"空中雷达杀手"。

"哈比"无人机后部装有一台双冲程双缸活塞发动机，通过两叶螺旋桨推进。该机实用升限为 3050 米，能在 1668 米的高度飞行 1000 千米，作战半径 400 ~ 500 千米，续航时间在 4 小时以上，巡航速度 250 千米 / 小时，俯冲速度超过 480 千米 / 小时。由于机身材料和气动外形采用了独特的设计，因此该机具有极小的雷达和光学目标特征。

"哈比"无人机的一个基本火力单元由 54 架无人机、1 辆地面控制车、3 辆发射车和辅助设备组成。每辆发射车装有 9 个发射装置，发射箱按照三层三排布置，每个发射箱可装 2 架无人机，因此一辆发射车可装载 18 架无人机。"哈比"无人机采用惯性导航与 GPS 组合的导航系统，借助自动驾驶仪、三轴光纤陀螺和磁罗盘，可以按照预先安装的作战程序执行飞行任务。发射升空后，它可自主飞往目标所在区域，通过盘旋飞行来搜寻辐射源，捕获目标后实施俯冲攻击。①

六、好汉难敌四手，恶虎还怕群狼

在武侠小说中，这样的场景比比皆是：某一方无法战胜对方的顶级高手时，往往会接二连三地使出投毒、设伏、群殴等"阴招"。这也应了一句古话："双拳难敌四手，恶虎还怕群狼。"

---

① 华阳，徐敬，周常尧，等. 2006. 以色列哈比无人机的现状与发展. 飞航导弹，（9）：38-40.

面对日益复杂的电磁环境，当依靠单台套装备完成不了某一作战任务时，组网协同化电子战装备自然就会登上舞台，形成"群狼共舞"的局面。

美国国防部高级研究计划局早在 2000 年就启动的"狼群"电子战系统是组网电子战的典型实例。该系统包括大量相互协作的小型干扰机，它们一般部署在干扰目标周围 100 米以内，相互之间通过网络连在一起，构成分布式干扰机网络，达到阻止敌方在战场上正常使用通信和雷达的目的。

与"狼群"系统类似，"蜂群"无人机也是近几年电子战领域备受关注的热门话题。图 6-14 为美国国防部高级研究计划局于 2014 年发布的"拒止环境协同作战"（Collaborative Operations in Denied Environment，CODE）项目示意图，该项目旨在通过基于

图 6-14 "拒止环境协同作战"项目示意图

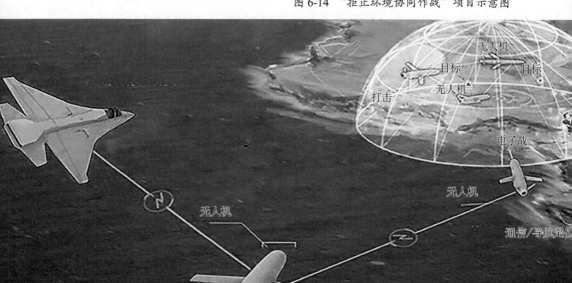

现有无人机开发自主算法和软件，扩展无人机的任务能力，提高在拒止环境中的协同作战能力。

自然界中的蜜蜂，一旦遭到外界入侵，便即刻倾巢出动，依靠数量多、飞行灵活的优势，群起围攻入侵者，即使是皮糙肉厚的动物，在蜂群的攻击下也只能落荒而逃，"蜂群"战术由此而来。

决定电子战无人机集群系统性能的包括微型化 RF 载荷和智能协同算法，包括构成任务载荷的射频阵列芯片、RFSoC[①] 芯片、氮化镓功放、频谱计算智能处理器以及群体智能算法，这样才能保证小型无人机的单机作战能力和协同化的整体作战性能。

（一）可重构射频阵列芯片

为了实现单机载荷的高密度集成以及多功能应用，业内将研发重点放在以射频前端和路由为主的可重构射频阵列芯片上。

美国国防部高级研究计划局的"自适应射频技术"（Adaptive RF Technology）项目的主要研究内容包括可重构的射频微波滤波器阵列、可重构的射频前端和工作在微波频段或更高频段的功放，目的是发展现场可编程、完全自适应、对未知波形信号的集成射频前端以及相应的开发工具，为下一代认知通信、雷达、电子战平台服务。

通过该项目，美国国防部希望通过找准不同射频系统的性能需求，并将其集中到一个 RF-FPGA[②] 实现周期中，从而最大限度地降低类似于专用集成电路（application specific integrated circuit, ASIC）定制开发的时间和成本开销。图 6-15 所示为 RF-FPGA 的

---

① SoC：system on chip，即片上系统。
② FPGA：field programmable gate array，现场可编程门阵列。

结构示意图。

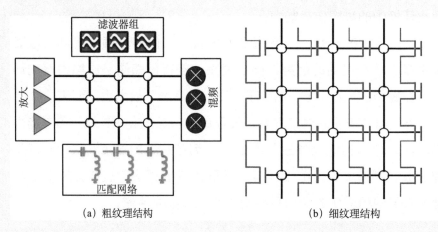

（a）粗纹理结构　　　　　　　　　（b）细纹理结构

图 6-15　RF-FPGA 的结构

诺斯罗普·格鲁曼公司开发了可用于军用多功能系统的 0.4 ～ 18 千兆赫兹范围的 RF-FPGA。通过采用相变材料研制多路可任意切换开关路由，能够实现低插损和高隔离度，该开关工作在 20 千兆赫兹，其插损仅为 0.2 ～ 0.5 分贝，隔离度可以达到 35 ～ 60 分贝，切换时间为 100 纳秒，且不会对增益和噪声产生影响。同时根据系统应用，设计了工作频段可切换的多芯片阵列库，如低噪放库、滤波器库、混频器库、矢量调制库等。通过与多路任意切换的开关矩阵配合，实现了类似现场可编程门阵列的重编程配置，利用其先进的芯片加工以及集成能力，将其封装在方形扁平无引脚封装（quad flat no-leads package，QFN）的壳体内，并根据系统应用需求，可实现多种不同类型的 RF-FPGA。

在美国国防部高级研究计划局的支持下，2016 年 11 月，BAE 系统公司基于硅锗（SiGe）的双极互补金属氧化物半导体（BiCMOS）工艺，先后发布了两款可重构集成电路用微波阵列技术（MATRIC）芯片，在实现常规的射频收发通道集成的基础上，使其具备一定的可重构特性，旨在满足未来通信、电子战和信号情报系统的需求。该芯片的工作频率覆盖直流到 20 吉赫，具有高线性度、低相位噪声等特点，是一个嵌入灵活交换矩阵中的可重置射频电路阵列，支持电子战和通信系统的快速自适应。2020 年，BAE 系统公司完成了基于 MATRIC 芯片的半导体技术的系统演示，该系统具备实时传递地理定位和情报信号数据处理的能力，而且体积小、重量轻、功耗低，能够满足敏捷性、宽频带和高瞬时带宽等需求。

（二）RFSoC 芯片

RFSoC 是在同一单片基板上将射频前端与数字基带部分集成起来实现系统级集成电路功能，也可称为射频系统级芯片，其工艺平台可以是 CMOS、SiGe。RFSoC 能大大减少整机系统中的器件数量和面积，从而降低产品成本，减小体积，并提高性能和功能，同时提高可靠性。

随着射频集成电路（radio frequency integrated circuit，RFIC）技术的发展，射频芯片的集成度越来越高，单片可包含小信号下行（接收）和上行（发射）两部分，下行部分集成了低噪声放大器、混频、增益控制、高性能模−数转换器等，上行部分集成了信号产生、高性能数−模转换器混频、功率放大器等。

赛灵思（Xilinx）公司于 2017 年发布了 Zynq UltraScale+RFSoC，实现了 12bit@4GSPS[①] ADC、14bit@6.4GSPS DAC 与大规模 FPGA 的单片集成，大幅提升了集成度。但其主要面向移动通信应用，采样率单一，精度受限，片上集成的 FPGA 的计算性能不足，能效比低，不能满足大带宽、可重构阵列处理需求。

――――――――――
① GSPS：gigabit samples per second，即每秒千兆次采样。

2019 年 2 月，赛灵思公司又推出了第二代和第三代产品。第二代和第三代产品具有更高的射频性能及更强的可扩展能力，可支持 6 千兆赫兹以下的所有频段，还可支持针对采样率高达 5 GSPS 的 14 位模-数转换器和 10 GSPS 的 14 位数-模转换器进行直接 RF 采样，二者的模拟带宽均高达 6 千兆赫兹。尤其是第三代产品，可在 RF 数据转换器子系统中对 6 千兆赫兹以下频段的直接 RF 采样提供全面支持、扩展的毫米波接口，并将功耗降低 20%。

（三）频谱计算智能处理器

2006 年来，深度学习的出现大幅提高了对核心处理器芯片的计算性能需求，研究者开始使用 GPU 和 FPGA 来做应用加速。从 2015 年起，专为深度学习设计的智能处理专用加速 ASIC 芯片［如张量处理单元（TPU）、数据处理单元（DPU）］出现并投入使用，大幅提升了设备处理效能。

图形处理单元对于数据的并行处理和流水处理具有极高的效率。2012 年谷歌在非常大的图像数据集上训练深度学习模型，脸书（Facebook）、推特（Twitter）等互联网企业巨头采用图形处理器加速深度学习算法训练过程。英伟达（NVIDIA）作为主要的 GPU 处理器生产商，于 2018 年推出了 Xavier 平台，作为 Driver PX2 的进化版本。英伟达称 Xavier 是"世界上最强大的 SoC（片上系统）"，Xavier 可处理来自车辆雷达、摄像头、激光雷达和超声波系统的 L5 级自主驾驶数据，能效比市场上同类产品更高，体积更小。

Xavier SoC 基于台积电 12 纳米工艺，集成 90 亿颗晶体管，芯片面积 350 平方毫米，CPU 采用英伟达自研 8 核 ARM64 架构（代号 Carmel），GPU 采用 512 颗计算统一设备体系结构（compute unified device architecture，CUDA）的伏打（Volta）架构，支持FP32/FP16/INT8，单精度浮点性能 1.3TFLOPS[①]，64 个 Tensor 核心性能20TOPS[②]@INT8，访存带宽每秒137GB，芯片总功耗30瓦。

2018 年赛灵思公司推出的新一代计算平台——自适应加速计算平台（adaptive compute accelerate platform，ACAP），整合了硬件可编程逻辑单元、软件可编程处理器以及软件可编程加速引擎。基于 ACAP 架构的首款产品 Versal 采用台积电 7 纳米制造，芯片布局与传统 FPGA 结构类似，主要包含可编程逻辑部分、高速输入 / 输出（I/O）与收发器、嵌入式处理器、存储器控制等 FPGA 常见的硬件资源与模块。与传统 FPGA 的主要区别为：① ACAP 架构芯片顶端包含了 AI 加速引擎阵列，用来加速机器学习和无线网络等应用中常见的数学计算；②在传统 FPGA 片互联技术的基础上，针对高带宽、高吞吐量的 AI 等应用场景，ACAP 采用了固化的片上网络（network-on-chip，NoC）。

为了提高智能应用的资源利用率和能效，产业界和学术界开展了许多针对深度神经网络加速芯片的研究。2016 年谷歌公布了第一代张量处理单元。张量处理单元是用于神经网络推论的定制专用集成电路（训练仍使用处理器），可以运行深度学习的神经网络整体模型，并且具有足够的灵活性。张量处理单元的核心是由 65 536 个 8-bit MAC 组成的矩阵乘法单元，峰值预算性能 92 TOPS，片上存储 28 兆比特，功耗 40 瓦。TPU 支持多层感知机（multi layer perceptron，MLP）、卷积神经网络（convolutional neural

---

① TFLOPS：tera-floating-point operations per second，teraflops，即万亿次浮点运算每秒。

② TOPS：tera operations per second，1 TOPS 代表处理器每秒钟可进行 1 万亿次操作。

networks，CNN)、长短期记忆（long short-term memory，LSTM）网络等常见的神经网络，支持 TensorFlow 框架。TPU 平均性能（TOPS）达到 CPU 处理器的 15 ～ 30 倍，能耗效率（TOPS/W）达到 30 ～ 80 倍。

国内在 AI 计算芯片方面的研究主要包括寒武纪和华为公司的 AI 计算芯片。2019 年底，寒武纪正式发布边缘 AI 系列产品思元 220（MLU220）芯片及 M2 加速卡产品。思元 220 芯片采用寒武纪最新一代智能处理架构 MLUv02，实现最大 8 TOPS（INT8）算力，功耗 10 瓦。芯片可提供 16/8/4 位可配置的定点运算，客户可以根据实际应用灵活地选择运算类型来获得卓越的人工智能推理性能。在软件方面，通过端云一体的软件平台，思元 220 继续支持寒武纪 Neuware 软件工具链，支持业内各主流编程框架，包括 TensorFlow、Caffe、MXNet 以及 PyTorch 等。思元 220 可应用于智能制造、无人零售、智能交通、无人机等边缘计算场景。华为公司在针对智能终端的人工智能芯片昇腾 310，采用 12 纳米生产工艺，在性能上达到了 8 TOPS 的峰值计算能力。

（四）群体智能算法

集群智能技术来源于对集群生物（蚂蚁、蜜蜂等）群体智能行为模式的研究模仿。

经过长时间的观察研究，生物行为学家已经证实，这些集群生物的行为机制主要来源于共识主动性，即在行动时不断根据自身任务执行情况向所在环境释放信息，多个生物释放的信息就会在一定空间内组成一个信息场。对于个体而言，其行为就是对所处信息场内综合信息的反映。正是基于这种独特的行为机制，这些单体无智能生物通过对环境信息场做出的下意识反应，组合起来后却能使整个大集群显示出一种有着群体智能的行为模式。这种智能行为模式的最大特点就是去中心化，即没有从事统筹、协调、控制、指挥职能的中心。

正是因为这一特点，如果将这种技术投入军事应用就可以在体系对抗上形成巨大的优势。只要在智能集群中没有控制中心，任意一台或数台个体单元的损毁对整个集群就都无法产生整体性影响，毁脑、断链等攻击方式自然无用。同时，不论增加多少个体单元进入集群也不会对集群造成指挥、通信或算力负担，反而会充实整体实力。

对于群体智能概念的常见理解有两种。一种是单体具有学习能力的情况：每个个体都具有有限的智能水平，通过个体之间或个体与环境之间的交互行为形成高度的有组织性活动；二是单体没有学习能力的情况：存在众多无智能的个体，它们通过相互之间的简单合作所表现出来的智能行为。图 6-16 阐述了群体智能的基本概念。群体智能的核心是：众多简单个体组成的群体能够通过相互之间的简单合作来实现某一功能，完成某一任务。其中，简单合作是指个体与其邻近的个体进行某种简单的直接通信或改变环境间接与其他个体通信，从而相互影响，协同运作。

现阶段，认知电子战群体智能主要有三种表现方式，如图 6-17 所示。

（1）基于联邦学习的群体智能。可以先通过单体智能获取单独训练模型上传给无人机集群中心，再通过联邦学习算法获取全局模型，然后将全局模型发送给各个人机，无人机利用全局模型进行识别。

（2）群体智能算法。常见的群体智能算法（如蚁群算法、粒子群算法）常用于求解优化问题，比如资源分配问题，或用于神经网

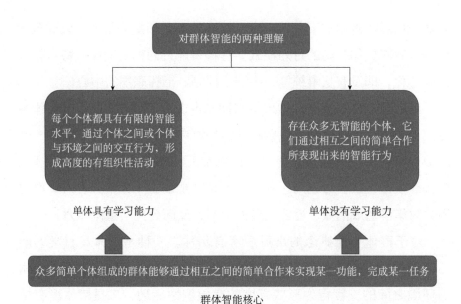

图 6-16 群体智能基本概念

络的训练。

（3）无人机"蜂群"相互协作的群体智能。多个无人机通过相互协调、互相启发，协作完成复杂任务，表现出群体优势。

电子战无人机"蜂群"作战是一个复杂、长远

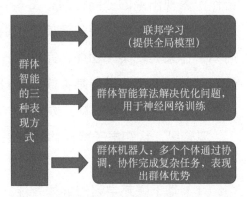

图 6-17 群体智能的三种表现方式

的发展过程，尽管存在诸多难点，但是随着作战理念的发展和智能化水平的提高，"蜂群"作战将是一种必然的发展趋势。根据《2009 ～ 2047 美国空军无人机系统飞行计划》（United States Air Force Unmanned Aircraft Systems Flight Plan 2009—2047）中的描述，随着技术的发展，一名操作员将监督或操作多架多任务无人

机实施更加集中、更加持续、更具规模的集群任务，到 2047 年，使集群完成"观察环境—适应环境—做出决策—采取行动"（OODA）循环的时间缩短至微秒甚至纳秒级，真正实现人机融合和自适应学习的智能作战模式。

主要参考文献

阿尔弗雷德·普赖斯.1999.美国电子战史第三卷：响彻盟军的滚滚雷声.中国人民解放军总参谋部第四部，译.北京：解放军出版社.

阿尔弗雷德·普赖斯.2002.美国电子战史第一卷：创新的年代.中国人民解放军总参谋部第四部，译.北京：解放军出版社.

光晓俐.2015.雷达侦察信号的认知处理技术研究.西安：西安电子科技大学硕士学位论文.

郭锋.2018.频率使用率评价：频谱监管新抓手.上海信息化，（11）：38-40.

郭剑.2006.电子战行动60例.北京：解放军出版社.

韩道文，李建强，李双刚，等.慕课（MOOC）"电子战简史".

贺新颖.2009.基于支持向量机的认知无线电若干关键技术研究.北京：北京邮电大学博士学位论文.

季华益，唐莽，王琦.2015.基于大数据、云计算的信息对抗作战体系发展思考.航天电子对抗，31（6）：1-4，11.

欧健.2017.多功能雷达行为辨识与预测技术研究.长沙：国防科技大学博士学位论文.

石荣.2019.历史上实际交战中雷达干扰效果评估方法回顾及启示.电子信息对抗技术，34（5），49-56.

王沙飞，鲍雁飞，李岩.2018.认知电子战体系结构与技术.中国科学：信息科学，48（12）：1603-1613.

王沙飞，李岩，等.2018.认知电子战原理与技术.北京：国防工业出版社.

王伟，杨俊安，刘辉，等. 2016. 基于干扰效果在线评估的行为参数分析. 电子信息对抗技术，31（6）：76-80.

杨小军，闫了了，彭珲，等. 2012. 认知雷达研究进展. 软件，33（3）：6-8.

杨小牛. 2008. 从软件无线电到认知无线电，走向终极无线电——无线通信发展展望. 中国电子科学研究院学报，3（1）：1-7.

袁文先，杨巧玲. 2008. 百年电子战. 北京：军事科学出版社.

赵扩敏，王永生，刘占友. 2008. 潜艇 ESM 系统发展探析. 舰船电子对抗，31（2）：15-19.

颛孙少帅. 2019. 基于强化学习理论的通信干扰策略学习方法研究. 长沙：国防科技大学博士学位论文.

Adamy D L. 2011. 电子战原理与应用. 王燕，朱松，译. 北京：电子工业出版社.